Veröffentlichungen
des
Königlich Preußischen Meteorologischen Instituts
Herausgegeben durch dessen Direktc
G. Hellmann
Nr. 215
Abhandlungen Bd. III. Nr. 3.

Magnetische Kartographie

in historisch-kritischer Darstellung

Von
G. Hellmann

Springer-Verlag Berlin Heidelberg GmbH 1909
Preis 6 M

ISBN 978-3-662-23323-8 ISBN 978-3-662-25365-6 (eBook)
DOI 10.1007/978-3-662-25365-6
Softcover reprint of the hardcover 1st edition 1909

Inhaltsverzeichnis

Einleitung.

Ein wichtiger Teil der Lehre vom Erdmagnetismus beschäftigt sich mit der Verteilung der magnetischen Kraft an der Erdoberfläche. Man bedient sich hierzu mit Vorteil seit mehr als zwei Jahrhunderten kartographischer Darstellungen, indem auf Karten oder Globen alle diejenigen Punkte durch Linien verbunden werden, an denen ein und dasselbe magnetische Element zu gleicher Zeit, hier Epoche genannt, denselben Wert hat. Die so entstehenden Isoplethen heißen allgemein isomagnetische Linien (Kurven) und nehmen die speziellen Namen Isogonen, Isoklinen, Isodynamen an, je nachdem sie Linien gleicher magnetischer Deklination, Inklination oder Intensität darstellen. Karten mit isomagnetischen Linien nennt man erdmagnetische oder kurzweg magnetische Karten, und die auf diese Karten bezüglichen Lehren will ich unter der Bezeichnung „Magnetische Kartographie" zusammenfassen.

Die magnetische Kartographie hat naturgemäß ein etwas geographisches Gepräge, und zwar nicht bloß wegen der geographischen Unterlage der magnetischen Karten, sondern weil auch zur Deutung des Verlaufes der magnetischen Kurven geographische Gesichtspunkte in Betracht zu ziehen sind. Dazu kommt, daß die magnetischen Karten anfänglich fast ausschließlich zu dem Zweck entworfen wurden, die geographische Ortsbestimmung zu erleichtern, da man aus der magnetischen Deklination die geographische Länge und aus der magnetischen Inklination die geographische Breite (und Länge) ermitteln zu können hoffte. Bei der ungeheueren Wichtigkeit des Längenproblems für die Schiffahrt wird daher die Tatsache verständlich, daß es hauptsächlich diese Hoffnung war, die volle drei Jahrhunderte hindurch das Studium des Erdmagnetismus am meisten gefördert hat. Erst seitdem L. Euler 1757 eine mathematische Theorie des Erdmagnetismus entwickelt hatte, dienten magnetische Karten ganz vereinzelt auch zu theoretischen Untersuchungen, zu denen sie nach dem Erscheinen von Gauß' Theorie (1838) immer häufiger herangezogen wurden. Sie werden auch künftighin in dieser Beziehung eine wichtige Rolle spielen.

Die Veranlassung zu dem vorliegenden Versuch einer magnetischen Kartographie gibt mir die erfreuliche Tatsache, daß nunmehr auch die Hauptresultate der vom Königlich Preußischen Meteorologischen Institut in den Jahren 1898—1903 ausgeführten magnetischen Vermessung Norddeutschlands (außer dem Königreich Sachsen, das inzwischen eine solche Aufnahme selbst besorgt hat) veröffentlicht werden können[1]). Zunächst habe ich mir zu meiner eigenen Belehrung über den gegenwärtigen Stand der magnetischen Karten und über die Frage, wie sie weiterhin zu fördern seien, Aufklärung zu verschaffen gesucht, und da eine zusammenhängende Darstellung dieses Teiles der Lehre vom Erdmagnetismus im Druck noch nicht vorliegt, die Veröffentlichung einer solchen für angezeigt gehalten. Wenn sich auch die Grundsätze der magnetischen Kartographie später etwas ändern werden, ebenso wie die theoretischen Schlußfolgerungen, die man aus ihr ziehen kann, dürfte doch die Darlegung der geschichtlichen Entwicklung der magnetischen Karten und der Nachweis des vorhandenen Bestandes an solchen auch in der Zukunft ihren Wert behalten.

Es gibt zweierlei Arten von magnetischen Karten: solche, auf denen die isomagnetischen Kurven nach Messungen gezeichnet werden, und solche, bei denen die Konstruktion dieser Kurven gemäß einer mathematischen Theorie erfolgt, die von einem allgemeinen Standpunkt aus alle vorhandenen Beobachtungen in Formeln zusammenfaßt und auch für Orte, von denen keine Beobachtungen vorliegen, die magnetischen Elemente zu berechnen gestattet. Die ersteren sind weitaus am zahlreichsten. Sie haben einen doppelten Zweck. Sie dienen auch heute noch, wo man die Unmöglichkeit einer magnetischen Längenbestimmung längst eingesehen hat[2]), zur Orientierung für Schiffer, Markscheider, Topographen, Landmesser, Ingenieure und andere Berufskreise, genügen also einem unmittelbar praktischen Bedürfnis, und sie liefern ferner eine unumgänglich notwendige Grundlage für jede Theorie des Erdmagnetismus. Die letzteren werden hauptsächlich zur Prüfung der ihnen zu Grunde liegenden Theorien entworfen und können erst dann die ersteren ersetzen, wenn sie so genau sind, daß man ihnen die Werte der magnetischen Elemente für jeden beliebigen Ort entnehmen kann. Eine so weit gehende Genauigkeit kann auch die vollkommenste aller bisherigen Theorien des Erdmagnetismus, die Gaußsche, noch nicht gewähren.

Daraus ergibt sich also, daß wir es im Folgenden hauptsächlich mit den auf empirischer Grundlage beruhenden magnetischen Karten zu tun haben werden.

---

[1]) Der frühzeitige Tod der an den Messungen hauptsächlich beteiligten Institutsbeamten Professor Dr. Eschenhagen und Professor Dr. Edler hatte den Abschluß der Arbeiten lange hinausgeschoben. Jetzt hat auf mein Ersuchen Professor Dr. Ad. Schmidt auf Grund dieser Aufnahme die magnetischen Karten für die Epoche 1909.0 entworfen und wird sie mit den wichtigsten Zahlenwerten, vorbehaltlich einer späteren ausführlicheren Bearbeitung, in den vorliegenden Abhandlungen (Band III, No. 4) bekannt geben, damit der unmittelbar praktische Nutzen, den viele Berufskreise aus solchen Karten ziehen können, ihnen nicht länger vorenthalten sei.

[2]) An der Idee der Breitenbestimmung aus der magnetischen Inklination, an die wohl zuerst Gilbert (De magnete. Lond. 1600. Fol. S. 200) dachte, hat man längere Zeit festgehalten. Noch im »Kosmos« (II, S. 321 und IV, S. 171) erwähnt A. von Humboldt, »wie z. B. an den Küsten von Peru in der Jahreszeit der beständigen Nebel (garúa) aus der Inklination die Breite mit einer für die Bedürfnisse der Schiffahrt hinreichenden Genauigkeit bestimmt werden kann«.

Neuerdings hat man versucht, die magnetische Inklination und Intensität zur Breitenbestimmung im Ballon zu verwerten. Sollte sich diese Methode als genügend brauchbar erweisen, dann dürften Isoklinen- und Isodynamenkarten ein wichtiges Orientierungsmittel für den Luftschiffer werden. Es scheint allerdings, als ob die Urheber dieser Idee nur generalisierte, d. h. glatt verlaufende isomagnetische Linien dabei im Auge gehabt und ihren wahren komplizierten Verlauf nicht gekannt hätten. Auch wird stillschweigend vorausgesetzt, daß das für die Oberfläche der Erde giltige Bild der Verteilung in größeren Höhen unverändert bleibt, was weder bewiesen noch wahrscheinlich ist.

ERSTER TEIL.

Entwicklung und gegenwärtiger Stand der magnetischen Kartographie.

Versuche vor 1700.

Die ersten Anfänge zur Konstruktion magnetischer Karten kann man in der Eintragung magnetischer Deklinationswerte in Landkarten erblicken. Diese erfolgte bereits am Ausgang des XV. Jahrhunderts, also zu einer Zeit, in der die räumliche Verschiedenheit der Deklination dem Kartenzeichner höchst wahrscheinlich unbekannt war; denn wenn man auch nach den Untersuchungen A. Wolkenhauer's und meinen eigenen annehmen darf, daß die magnetische Deklination schon vor der ersten Reise von Christoph Columbus nach Westindien bekannt war, so lieferten die von ihm am 13. September 1492 gemachten Beobachtungen der erstaunten Schiffsmannschaft wohl zum ersten Mal den deutlichen Beweis von der Verschiedenheit im Betrage der magnetischen Deklination von Ort zu Ort[1]). Diese Kenntnis hat aber sicherlich zunächst nur in Seemannskreisen Verbreitung gefunden und ist nicht bis zu dem Nürnberger Kompaßmacher und Kartenzeichner Erhart Etzlaub gedrungen, der zuerst auf seinen Landkarten die magnetische Deklination kenntlich machte durch Abbildung einer Taschen-Sonnenuhr mit Kompaß, auf dessen Boden die Abweichungslinie angegeben ist[2]). Erst über ein Jahrhundert später, in der ersten Hälfte des XVII. Jahrhunderts, als die räumliche Verschiedenheit der magnetischen Deklination überall bekannt geworden war, fing man an, in Seekarten die Beträge der beobachteten magnetischen Deklination in Zahlen einzutragen.

So finden sich zahlreiche solche Angaben in den Portulankarten, die den zweiten Teil von Robert Dudley's monumentalem Werk „Dell' Arcano del Mare libri sei" (Firenze 1646. Fol.) schmücken, sowie in der höchst seltenen Wright-Mollineuxschen Weltkarte, die der dritten Ausgabe von Edward Wright's Werk „Certain errors in navigation detected and

[1]) A. Wolkenhauer, Beiträge zur Geschichte der Kartographie und Nautik des 15. bis 17. Jahrhunderts (Mitteil. d. Geograph. Ges. zu München. Bd. I, 1904, S. 161—260, Taf. VI—X). — Derselbe, War die magnetische Deklination vor Kolumbus erster Reise nach Amerika tatsächlich unbekannt? (Deutsche geograph. Blätter, Bd. XXVII, 1904, S. 158—175.)

G. Hellmann, Die Anfänge der magnetischen Beobachtungen (Zeitschr. d. Ges. f. Erdk. z. Berlin, Bd. XXXII, 1897, S. 112—136.) — Derselbe, Über die Kenntnis der magnetischen Deklination vor Christoph Columbus (Meteorol. Zeitschr. 1906, S. 145—149 und 1908, S. 369).

[2]) Die Abbildungen finden sich in den ältesten deutschen Reisekarten, die wahrscheinlich von dem Nürnberger Erhart Etzlaub im letzten Jahrzehnt des XV. und zu Anfang des XVI. Jahrhunderts entworfen wurden. Sie sind erst neuerdings von A. Wolkenhauer eingehend studiert worden, nachdem schon früher L. Gallois (Les géographes allemands de la renaissance. Paris 1890. 8°. Planche I) die älteste Karte dieser Art »Das ist der Rom-Weg . . . . durch deutzsche landt« in Facsimile reproduziert hatte. Vgl. A. Wolkenhauer, Über die ältesten Reisekarten von Deutschland (Deutsche geogr. Blätter, Bd. XXVI, 1903, S. 120—138) und: Der Nürnberger Kartograph Erhart Etzlaub (ebenda, Bd. XXX, 1907, S. 55—77).

corrected" (London 1657: 4⁰) beigegeben ist[1]). Doch wird hier noch nicht der Versuch gemacht, die Orte gleicher Deklination durch Linien zu verbinden, obwohl ein solcher Vorschlag schon lange vorlag, ja sogar bereits ausgeführt worden war.

Die zuerst von Columbus beobachtete und von allen späteren Amerikafahrern bestätigte Tatsache, daß die damals östliche Deklination der Magnetnadel in Europa auf der Fahrt nach Westen allmählich abnahm, bei den Azoren Null wurde und jenseits derselben in eine westliche überging, die bei der Annäherung an die „Neue Welt" wieder zunahm, hatte naturgemäß den Gedanken nahegelegt, diese örtliche Verschiedenheit der Deklination zur Bestimmung der geographischen Länge zu benutzen. Schon Christoph Columbus und Sebastian Cabot dachten an die Möglichkeit einer solchen Verwertung und Antonio Pigafetta, der Begleiter von Magalhães auf der ersten Reise um die Erde, brachte in seiner Nautik ca. 1522 diese Methode direkt in Vorschlag. Die anscheinend günstigen Aussichten für die Lösung des Längenproblems auf magnetischem Wege veranlaßten auch bald die Konstruktion besserer Instrumente zur Bestimmung der magnetischen Deklination auf Schiffen, und als der spanische Apotheker Felipe Guillen[2]) für seine „brújula de variacion" vom König von Portugal, João III, reichlich belohnt worden war, glaubte man schon das wichtigste Problem der Schiffahrt gelöst zu haben. Daraufhin scheint zuerst ums Jahr 1536 der spanische Kosmograph und Piloto mayor Alonso de Santa Cruz in einem größeren Werke über die Methoden der Längenbestimmung eine Erdkarte gezeichnet zu haben, in der er im Abstand von 15 Längengraden Meridiane einzeichnete und ihnen den Betrag der magnetischen Deklination beischrieb[3]). Er nahm also fälschlich an, daß die Linien gleicher Deklination mit den Meridianen zusammenfallen. Als er aber 1545 eigens nach Lissabon reiste, um sich über die Deklinationsbeobachtungen der portugiesischen Seeleute zu unterrichten und von den zahlreichen Messungen Kenntnis erhielt, die

[1]) Erwähnen möchte ich hier vier große Karten mit Eintragungen von Messungen der Deklination und der Inklination, die noch aus dem Anfang des XIX. Jahrhunderts stammen. Eine von ihnen (1:44.5 Mill.) führt sogar den Titel »Carte magnétique des deux hémisphères«, enthält aber keine isomagnetischen Linien. Die drei anderen Karten für den Atlantischen, Indischen und Pazifischen Ozean im Maßstab von 1:20 Mill. haben den Titel: »Carte des déclinaisons et inclinaisons de l'aiguille aimantée redigée d'après la table des observations magnétiques faites par les voyageurs depuis l'année 1775«, enthalten aber gleichfalls nur Zahlen-Eintragungen.

Ich habe nicht ermitteln können, ob die Karten zu einem größeren französischen Werk gehören uud welche »table des observations« gemeint ist.

[2]) Über Felipe Guillen und sein Instrument vgl. meine auf S. 7 in der Anmerkung zitierte Schrift »Die Anfänge der magnetischen Beobachtungen« und S. 11 der Einleitung zu No. 10 meiner »Neudrucke« (Rara Magnetica). Die spärlichen Nachrichten über ihn stammten bislang nur aus spanischen Quellen; nun hat aber über seinen Aufenthalt in Portugal und seine späteren sehr wechselvollen Schicksale Sousa Viterbo (Trabalhos nauticos dos Portuguezes nos seculos XVI e XVII. Parte 1. Marinharia. Lisboa 1898. 4⁰. S. 138—153) dankenswerte Mitteilungen gemacht, in denen auch das magnetische Instrument zur Längenbestimmung mehrfach berührt wird.

[3]) Das Werk von Alonso de Santa Cruz existiert nur handschriftlich in der Biblioteca Nacional in Madrid (Codex Aa. 97) und führt den Titel: Libro de las longitudes y manera que hasta agora se ha tenido en el arte de navegar . . . .

Der erste Teil behandelt in 12 Kapiteln die verschiedenen Methoden der astronomischen Längenbestimmung, während der zweite Teil eine Paraphrase der Geographie von Ptolemaeus enthält.

Im 4. Kapitel des I. Teils erörtert der Verfasser die Möglichkeit der magnetischen Längenbestimmung und sagt u. a.: »Presupiendo en mi que la misma diferencia que el aguja hacia á la parte de poniente noruestando, que la misma haria á la parte de levante norestando, puse en ella de 15 en 15 grados muchos meridianos, y debajo de cada uno dellos fuera de la carta escribi lo que en cada uno noresteaba ó noruesteaba alli el aguja tocada con el magnete ó piedra iman«.

namentlich João de Castro auf seinen Fahrten nach Ostindien angestellt hatte, sah er ein, daß die von ihm angenommene regelmäßige Verteilung der Deklination nicht bestand. Obwohl auch andere erfahrene Seeleute, wie der eben genannte João de Castro und dessen Landsleute Vicente Rodrigues und Aleixo da Motta, die Unmöglichkeit der Lösung des Längenproblems auf magnetischem Wege klar erkannten[1]), wurde doch noch Jahrhunderte lang an dieser Idee festgehalten. In der Folgezeit waren es aber meistenteils Gelehrte, die darauf abzielende Studien machten, darunter mehrere der gelehrten Jesuiten, die im XVII. Jahrhundert nach Indien und Ostasien gingen. Sie stellten auf der Überfahrt selbst zahlreiche Beobachtungen der Deklination an, die ihr Ordensbruder Athanasius Kircher fleißig gesammelt hat (Magnes sive de arte magnetica opus tripartitum. Romae 1641; Colon. Agripp. 1643; Romae 1654). Zwei dieser Jesuiten, Christoph Borri[2]) und Martin Martino, die wahrscheinlich beide aus Italien stammen, haben um das Jahr 1630 bezw. 1640 auf einer Weltkarte wirklich Linien gleicher Deklination gezeichnet, die von dem ersteren tractus chalyboclitici genannt wurden. Höchst interessant ist es nun, daß Athanasius Kircher, der die entsprechenden Belege dafür gibt, ausdrücklich hinzufügt, daß man mit dem von ihm gesammelten Material von Deklinationsbeobachtungen eine sehr viel genauere magnetische Karte (multo exactiorem Mappam Magneticam) entwerfen könne, die er auch seinem Werke beigefügt haben würde, wenn die Kosten und die große Eile der Drucklegung es gestattet hätten. Darauf gibt er eine Anleitung zur Herstellung einer Isogonenkarte, falls andere eine solche zeichnen wollten[3]).

---

[1]) Besonders lehrreich in dieser Beziehung sind die Ausführungen von Aleixo da Motta im XXI. Kapitel seines »Roteiro da navegação da carreira da India«, das speziell der magnetischen Deklination gewidmet ist (Advertencias sobre a demarcação da agulha). Dieses interessante Segelhandbuch wurde erst neuerdings von G. Pereira in der Schrift »Roteiros portuguezes da viagem de Lisboa á India nos seculos XVI e XVII« (Lisboa 1898. 8⁰) veröffentlicht.

Die Kenntnisse der portugiesischen Piloten des XVI. Jahrhunderts über die wechselnde Deklination der Magnetnadel machte J. H. van Linschoten schon 1595 teilweise bekannt in seiner »Reys-Gheschrift vande Navigatien der Portugaloysers in Orientem . . . .«, Amsterdam 1595. Fol. S. 131: »Hier naer volckt een instructie ende memorie van het wraken ofte delineren van de Naelden vande Compassen, op de Navigatie . . . «

In der französischen Übersetzung dieses Werkes (Amsterdam 1619) ist die Abweichung der Magnetnadel ungewöhnlicherweise mit declin de l'aiguille wiedergegeben, ein Ausdruck, dem ich sonst nirgends begegnet bin.

[2]) Daß der von Kircher (Magnes. Romae 1641. 4⁰. S 502) erwähnte Pater Christophorus Burrus identisch ist mit dem aus Mailand stammenden Cristoforo Borri (Borro, Burro), der sich in Portugal Bruno nannte, habe ich schon früher (»Neudrucke« Nr. 4, S. 18) gezeigt. Von diesem Pater Bruno besitzt die Academia Real das Sciencias in Lissabon ein Manuscript, das eine Segelanweisung für die Ostindienfahrer enthält und auf die Linien gleicher Deklination Bezug nimmt; vgl. Roteiro de Lisboa á Goa por João de Castro. Annotado por João de Andrade Corvo. Lisboa 1882. 8⁰. S. 393—398. Die Linien ohne magnetische Deklination, die jetzt Agonen heißen, nannte Bruno »marcos«.

Die Nachricht über den Versuch von Martin Martinus, der sich als Schüler von A. Kircher bezeichnet, findet sich in der dritten Ausgabe von dessen Werk »Magnes«, Romae 1654. Fol. S. 348—350.

[3]) Die Kirchersche Anweisung zur Zeichnung magnetischer Karten lautet in der ersten Ausgabe seines Werkes »Magnes« (Romae 1641. 4⁰. S. 504 — die Druckerlaubnis datiert vom Jahre 1639): »Delineetur orbis terrae figura, quam aptiorem judicaverint, plana vel sphaerica, & ex tabulis nostris magneticis singulis locis addantur declinationes propriae, quibus peractis ducito per omnia ea loca, quae homonymos declinationis gradus habent, lineas, e. g. per omnia loca, in quibus nulla viget declinatio, lineam rectam, curvam aut interruptam trahes; deinde per singula loca quae unius gradus χαλυβόκλισιν habent, postea per loca, quae duorum graduum declinationem habent. Denique per loca 3, 4, 5 etc. usque ad 30 grad. declinationis ducantur lineae chalyboclitícae. Hujusmodi ergo lineas fateor multum ad locorum notitiam conducere posse, si deflexiones magneticae una cum tractuum chalybocliticorum (quos Burrus quidem parallelos putat, ego id fieri nulla ratione posse judico) distantiis notae forent«.

Kircher ist sich also wohl bewußt, daß die Linien gleicher magnetischer Deklination einander nicht parallel sein können, wie Borri noch glaubte.

Angesichts dieser Tatsache muß man fragen: hat E. Halley, der zuerst Isogonenkarten veröffentlichte, diese Darstellung Kirchers gekannt oder nicht?

Das Kirchersche Werk hat in drei Auflagen — die kein anderes erdmagnetisches Werk erlebt hat! — gewiß große Verbreitung gefunden und dürfte auch Halley, der sich seit dem Anfang der achtziger Jahre des XVII. Jahrhunderts mit erdmagnetischen Fragen beschäftigte, nicht unbekannt geblieben sein, obwohl ein direkter Beweis hierfür nicht vorliegt. Andererseits erscheint es doch recht auffällig, daß Halley seine magnetischen Karten ohne jedes wissenschaftliche Begleitwort herausgegeben hat. Wollte er nicht eingestehen, daß die Idee zur Herstellung solcher Karten nicht von ihm herrührt?

Wie dem aber auch sein möge, das Verdienst Edmund Halley's, die ersten Isogonen publiziert zu haben, bleibt immer noch so außerordentlich groß, daß die magnetische Kartographie erst mit seiner magnetischen Karte für 1700 ihren Anfang nimmt.

Erste Periode, 1700—1835.

Die erste von Halley 1701 herausgegebene Isogonenkarte umfaßte nur den Atlantischen Ozean und beruhte wahrscheinlich in der Hauptsache auf seinen eigenen Messungen, die er auf der Kriegsschaluppe Paramore Pink, deren Route auf der Karte eingetragen ist, in den Jahren 1698—1700 ausgeführt hatte. Die Karte erschien für sich, ohne jede Begleitschrift und scheint so großen Anklang gefunden zu haben, daß er das Jahr darauf eine auf die ganze Erde ausgedehnte Karte gleicher Art veröffentlichte. Sie war, wie schon ihr Name (Sea Chart, Tabula Nautica) sagt, in erster Linie für den Seemann bestimmt. Daraus erklärt sich der große Maßstab (1 : 32 Millionen), die Wahl der Mercator-Projektion und der Umstand, daß die Linien gleicher Deklination nur auf dem Meere, nicht auch auf dem Lande gezeichnet sind. Letzterer Brauch wurde lange beibehalten, und erst J. H. Lambert machte in seiner kleinen „magnetischen Abweichungskarte“ für 1770 zum ersten Mal den Versuch, die Isogonen auch überall auf dem Lande zu zeichnen.

Die mit Halley beginnende erste Periode in der Entwicklung der magnetischen Karten reicht von 1700 bis etwa 1835. Sie ist hauptsächlich dadurch charakterisiert, daß im wesentlichen nur Weltkarten der Deklination nach dem Typus der „Tabula Nautica“ entworfen wurden, wenn auch natürlich ein weiterer Fortschritt und ein allmählicher Übergang in die zweite Periode, die der magnetischen Landesaufnahmen, unverkennbar sind.

Von diesen Isogonenkarten[1]) der Erde verdienen besondere Erwähnung diejenigen von W. Mountaine und J. Dodson für 1744 und 1756, die eben schon erwähnte von Lambert

---

Das etwas schwerfällige Wort chalyboclisis für Abweichung der Magnetnadel ist abzuleiten von χάλυψ, Genitiv χάλυβος, der Stahl und κλίσις, die Neigung, und wurde in lateinischen magnetischen Schriften des XVII. Jahrhunderts viel gebraucht. Ich bin ihm zuerst begegnet in der lateinischen Übersetzung von Stevin's Havenvinding, die der große holländische Rechtsgelehrte Hugo de Groot (Grotius) im jugendlichen Alter von 16 Jahren gefertigt hatte (Λιμενευρετική, sive portuum investigandorum ratio. Metaphraste Hug. Grotio Batavo. Ex Officina Plantiniana 1599. 4°. fol. 6r).

Es ist daher ein Versehen, das leider in andere Werke übergegangen ist, wenn Alex. v. Humboldt (Kosmos IV, S. 171) chalyboeliticos schreibt.

[1]) Weitere Karten sowie Einzelheiten über die hier genannten finden sich im nachfolgenden II. Teil dieser Arbeit angegeben.

für 1770, die schöne große Karte für 1800 von Kratzenstein, der zum erstenmal auf einer besonderen Karte die Verteilung der zur Konstruktion benutzten Beobachtungspunkte veranschaulicht, die von Yeates für 1817 und die Barlowsche für 1833.

Aber auch in Einzelheiten geht man schon in dieser ersten Periode ein: Frézier konstruiert die Isogonen für 1713 um die Südhälfte von Südamerika und Rennell wagt es sogar, eine solche Karte von Afrika für 1793 zu entwerfen, ein kühnes Unterfangen, das auch heute noch den größten Schwierigkeiten begegnen würde.

Viel wichtiger für die Entwicklung der magnetischen Kartographie erwies sich der von Whiston zuerst gemachte Versuch, Isoklinen von Südengland für 1719/20 zu zeichnen, dem die erste Isoklinenkarte der ganzen Erde für 1768 von Wilcke nachfolgte. Ebenso bedeutungsvoll erscheint A. von Humboldt's Versuch eines ersten Entwurfes isodynamischer Zonen (1803), die namentlich Hansteen in den Jahren 1820—1825 weiter entwickelte und zu wirklichen Isodynamen-Karten ausbaute. Hansteen, den man als den ersten Erdmagnetiker im modernen Sinne des Wortes bezeichnen darf und der von etwa 1819 bis 1833 im Mittelpunkt aller diesbezüglichen Forschungen stand, hat auch zuerst (1819) eine Sammlung magnetischer Karten herausgegeben, die den Namen eines magnetischen Atlas verdient, was man von den so bezeichneten Werken Dunn's (1776) und Churchman's (1794) nicht sagen kann.

Am Abschluß unserer ersten Periode steht im Vordergrund des Interesses eine besondere magnetische Linie, der magnetische Äquator. Sein Verlauf wird namentlich von Duperrey für 1825 eingehend dargestellt, und gleichzeitig entwirft dieser verdiente Marineoffizier auch die ersten Karten der magnetischen Meridiane und Parallelkreise[1]).

Fast alle in dieser ersten Periode der magnetischen Kartographie gezeichneten Karten waren aus der Zusammenfassung vereinzelter Messungen hervorgegangen. Es waren Kompilationen. Allerdings hatten Hansteen, Erman, de Freycinet und Duperrey auf größeren Expeditionen auch zahlreiche magnetische Messungen vorgenommen, um sie zur Konstruktion von Karten zu verwerten, aber eine eingehende systematische Vermessung eines Gebietes war noch nicht erfolgt.

Zweite Periode, seit 1835.

Diese magnetischen Vermessungen (magnetische Landesaufnahmen)[2]) zum Zweck des Entwurfes magnetischer Karten kennzeichnen am meisten die um das Jahr 1835 anhebende zweite Periode in der Entwicklung der magnetischen Kartographie. An einer größeren Zahl von Orten eines Landes werden von einem oder mehreren Beobachtern Deklination, Inklination und Intensität bestimmt und nach den auf die gleiche Epoche reduzierten Messungsergebnissen die magnetischen Karten gezeichnet. Beobachtung und Kartenentwurf liegen hierbei gewöhnlich in einer Hand, wodurch allein schon, abgesehen von anderen Verbesserungen, die Genauigkeit der Karten gesteigert wird. Doch auch die aus den Beobachtungen aller Nationen konstruierten magnetischen Weltkarten, die wegen ihres Überwiegens in der ersten Periode dieser

[1]) Ähnliche Linien hatte schon Guillaume de Nautonnier 1603 in seinem Werke »La Mécographie de L'Eymant . . .« gezeichnet; vergl. S. 17 der Einleitung zu No. 4 meiner »Neudrucke.«.

[2]) Die englische Bezeichnung magnetic survey ist treffender, weil allgemeiner; sie umfaßt Land und Meer.

das Gepräge gegeben hatten, machen in der zweiten Periode erhebliche Fortschritte und werden um ihres praktischen Nutzens willen von den Marinebehörden offiziell herausgegeben: die englischen seit 1858, die deutschen seit 1880 und die nordamerikanischen seit 1882.

Der große Fortschritt, den die magnetische Kartographie durch die Vornahme systematischer magnetischer Vermessungen machte, ist vergleichbar dem gewaltigen Aufschwung, den die allgemeine Kartographie um die Mitte des XVIII. Jahrhunderts genommen hatte, als unter der Leitung der beiden Cassini zum ersten Mal eine trigonometrisch-topographische Aufnahme von Frankreich erfolgt war.

Das erste Beispiel einer magnetischen Landesaufnahme gab England. Auf Veranlassung und mit Unterstützung der British Association for the Advancement of Science wurden in den Jahren 1835—38 von fünf Beobachtern an vielen Orten die magnetischen Elemente bestimmt und hiernach von Sabine zunächst die Isoklinen und Isodynamen für die Epoche 1837 nach einer im wesentlichen von Lloyd herrührenden Methode dargestellt, auf die ich später zurückkomme. Noch umfassender waren die magnetischen Vermessungen, die Kreil 1843 in Böhmen begann und allmählich auf Österreich-Ungarn, ja auf ganz Südosteuropa ausdehnte, sowie besonders die spezielle Vermessung Bayerns durch Lamont, die 1849 ihren Anfang nahm und schließlich in einer magnetischen Aufnahme von ganz Zentral- und Westeuropa (Deutschland, Dänemark, Holland, Belgien, Frankreich, Spanien und Portugal) 1858 endete.

In der Art der Veröffentlichung magnetischer Vermessungen sind beide Gelehrte, Kreil und Lamont, vorbildlich geworden. Hatte ersterer schon angefangen, einige Details von den Messungen zu publizieren, so ging letzterer darin noch weiter und veröffentlichte fast das ganze Messungsprotokoll, damit die Beobachtungen später einmal einer neuen Bearbeitung unterworfen werden könnten. „In der Astronomie — sagt Lamont — haben wir wiederholt Fälle dieser Art erlebt und gesehen, wie aus älteren Beobachtungen neue und wertvolle Ergebnisse abgeleitet worden sind, von welchen der Beobachter selbst keine Ahnung hatte, und die niemals hätten abgeleitet werden können, wenn nicht die Beobachtungen selbst in gehöriger Vollständigkeit der wissenschaftlichen Benutzung zugänglich gemacht worden wären". In der Übertragung dieses in der Astronomie gerechtfertigten Verfahrens auf den Erdmagnetismus ist Lamont aber zu weit gegangen; denn aus älteren magnetischen Beobachtungen könnte man nur dann bessere Resultate ableiten, wenn nachträglich genauere gleichzeitige Registrierungen zur Reduktion zur Verfügung ständen, was wohl höchst selten der Fall sein dürfte. Die Erfahrung hat auch gelehrt, daß ältere magnetische Messungen bisher niemals aufs neue bearbeitet und reduziert worden sind. Es ist daher durchaus gerechtfertigt, wenn man neuerdings davon Abstand nimmt, allzuviel Einzelheiten der Messungen zu veröffentlichen.

Eine zweite Neuerung von Kreil und Lamont bestand darin, möglichst genau den Ort der magnetischen Messungen zu beschreiben und durch eine Planskizze festzulegen (Lamont), damit später die Messungen genau an derselben Stelle wiederholt werden könnten, was für die Ableitung der Säkularvariation in der Tat von großer Wichtigkeit ist. Dieses Verfahren hat im allgemeinen gute Dienste geleistet. Wenn aber der ursprüngliche Beobachtungsort in oder nahe einer Stadt lag, sind doch häufig im Laufe eines halben Jahrhunderts solche Veränderungen eingetreten, daß eine Wiederbesetzung des Punktes unmöglich wurde. So ist z. B. Liznar bei seiner 1889—93 ausgeführten magnetischen Landesaufnahme von Österreich bemüht gewesen, die von Kreil benutzten Beobachtungsstellen wieder einzunehmen, aber wie oft liest man, daß dies unmöglich war, weil sie verbaut oder verwachsen waren oder weil eine Eisenbahn nahe vorbei führte und dergleichen mehr! Auch Tanakadate machte in Japan die Erfahrung, daß schon nach kaum 8 Jahren die Mehrzahl der alten Stationen nicht mehr zu benutzen war. Aus diesem Grunde rechtfertigt sich das bei der preußischen Vermessung eingehaltene Verfahren, als Beobachtungsorte trigonometrische Punkte in der Feldflur zu wählen, deren Bezeichnung keiner Beschreibung noch eines Lageplanes bedarf, und die sich in den meisten Fällen lange intakt erhalten werden. Sie bieten zudem den großen Vorteil, daß ihre geographischen Koordinaten schon genau bestimmt sind.

Auch in der Darstellung der isomagnetischen Linien führte Lamont eine Neuerung ein: er zeichnete nicht Linien gleichen absoluten Betrages der magnetischen Elemente, sondern Linien gleicher Differenzen gegen eine als Ausgangspunkt dienende Zentralstation, z. B. München für Bayern, Paris für Frankreich, Madrid für die Iberische Halbinsel. Er wollte dadurch den Karten eine längere Gültigkeitsdauer geben, da sich die nach der gewöhnlichen Methode gezeichneten Karten nur auf die betreffende Epoche beziehen. Allein, alsdann müßte auf dem ganzen Gebiet der Karte die Säkularvariation überall die gleiche sein; denn andernfalls würden sich die Differenzen gegen die Hauptstation ändern. Das tun sie aber in Wirklichkeit, da der Betrag der Säkularvariation räumliche Verschiedenheiten von solcher Größe aufweist, daß sie im Gebiet eines ganzen Landes, wie Bayern, Frankreich, Iberische Halbinsel wohl berücksichtigt werden müssen. Darum ist man mit Recht zur alten Methode der Darstellung isomagnetischer Linien zurückgekehrt und verwendet die Lamontsche Differenzenmethode, für die neuerdings Mathias wieder eingetreten ist, mit Vorteil nur bei Spezialkarten kleiner Gebiete, namentlich bei der Darstellung magnetischer Störungsgebiete.

Ein ganz besonderes Verdienst erwarb sich Lamont noch um die Förderung der magnetischen Vermessungen und somit auch der Herstellung magnetischer Karten durch die Konstruktion eines handlichen magnetischen Reisetheodoliten, der in und außerhalb Deutschlands viel gebraucht worden ist, bis er in den achtziger Jahren namentlich durch die Mascartschen Reiseapparate verdrängt wurde.

Diesen ersten magnetischen Vermessungen in Europa reihten sich bald solche in anderen Erdteilen an. Nachdem bereits 1840/41 Bache eine Spezialvermessung von Pennsylvanien ausgeführt und 1842/44 Lefroy in Kanada zahlreiche Beobachtungen gemacht hatte, nahm 1846 Elliot den ostindischen Archipel auf. Die Gebrüder Schlagintweit vermaßen 1854/57 Indien und Neumayer[1]) führte 1858/64 eine ziemlich dichtmaschige magnetische Landesaufnahme des Staates Victoria in Australien aus (235 Stationen).

Es würde zu weit gehen, wollte ich alle späteren magnetischen Aufnahmen anführen, da es hier mehr auf die aus ihnen hervorgehenden Karten ankommt, als auf den Nachweis des diesen zu Grunde liegenden Beobachtungsmaterials. Dies um so mehr, als es manche magnetische Vermessungen gibt, die niemals zur Konstruktion magnetischer Karten verwertet worden sind.

[1]) Neumayer hatte kurz vorher (1855/56) eine magnetische Spezialvermessung der bayerischen Rheinpfalz vorgenommen, deren Resultate von ihm erst im Jahre 1905 veröffentlicht worden sind.

Ich erinnere in dieser Beziehung nur an die ausgedehnten Messungen, die Denza in Italien angestellt hat, und an die von Teisserenc de Bort[1]) in Nordafrika gemachten Beobachtungen.

Auch einige Detailaufnahmen von magnetischen Störungsgebieten lokaler Art erfolgten in dieser zweiten Periode der Entwicklung magnetischer Karten. Die der Schiffahrt gefährliche magnetische Anomalie bei Jussar-ö im Finnischen Meerbusen, der zuerst Lenz 1861 eine wissenschaftliche Behandlung zuteil werden ließ, gab die Anregung zu solchen Spezialuntersuchungen, die später, wie wir gleich sehen werden, noch erheblich ausgedehnt wurden.

Aber auch die Verbesserung der magnetischen Weltkarten machte große Fortschritte. Nachdem Sabine schon mehrere zusammenfassende Karten kleineren Maßstabes für die Epochen 1837 und 1840 veröffentlicht hatte, lieferte ihm die erfolgreiche antarktische Expedition unter James Clark Ross Beobachtungsmaterial, um zum ersten Mal eine kartographische Darstellung der magnetischen Verhältnisse im Südpolargebiet wagen zu können. Sodann aber entwarf er unter Benutzung aller verfügbaren magnetischen Ortsbestimmungen zu Wasser und zu Lande für die Epoche 1842 magnetische Weltkarten großen Maßstabes für Deklination, Inklination und Totalintensität. Da diese wichtigen Karten innerhalb zehn Jahren in vier Teilen (Philos. Trans. 1868, 1872, 1875, 1877) erschienen, ist es vermutlich manchem Erdmagnetiker entgangen, daß in ihnen der magnetische Zustand der ganzen Erde für die genannte Epoche dargestellt ist.

Sabine fand für diese Arbeiten einen würdigen Nachfolger in Neumayer. Seit Ende der siebziger Jahre war dieser erfolgreich bemüht, die magnetischen Weltkarten zu verbessern, die er seit 1880 in fünfjährigen Intervallen publizierte. Besonders umfangreiches Beobachtungsmaterial kam bei den Karten für 1885 zur Verwendung, die auch in dem von Neumayer herausgegebenen Atlas des Erdmagnetismus (1891) figurieren[2]). Es ist dies seit Hansteen's ähnlicher Arbeit (1819) der erste umfassende magnetische Atlas, dessen Vielseitigkeit den seitdem gemachten Fortschritt in der magnetischen Kartographie klar erkennen läßt.

Die Fortführung bezw. die Evidenzerhaltung der Neumayerschen Weltkarten hat später das Reichsmarine-Amt übernommen, ebenso wie die entsprechenden englischen Karten von der englischen Admiralität und die amerikanischen vom Hydrographic Office in Washington herausgegeben werden[3]).

---

[1]) Eine Mitteilung Teisserenc de Bort's »Cartes magnétiques de l'Algérie, de la Tunisie et du Sahara algérien« (Compt. rend. Bd. 107, 1888 Juli) führt zu der Vermutung, daß solche Karten entworfen worden sind. Im Druck erschienen sind sie aber meines Wissens nicht.

[2]) Der Atlas des Erdmagnetismus bildet die IV. Abteilung der 3. Ausgabe von Berghaus' Physikalischem Atlas, ist aber auch gesondert erschienen. In der ersten und zweiten Ausgabe dieses Physikalischen Atlas war der erdmagnetische Teil etwas dürftig, während die in der zweiten Auflage des englischen Physical Atlas von Keith Johnston enthaltenen magnetischen Karten von E. Sabine für die Epoche 1840 einheitlich bearbeitet waren.

[3]) Diese offiziellen magnetischen Weltkarten, über die der zweite Teil der vorliegenden Abhandlung näheren Nachweis gibt, sind folgende:

englische		deutsche		amerikanische	
1858	D	1880	D, I, H	1882	D
1871	D	1885	D, I, H	1897	D, I
1880	D	1890	D	1900	D, I, H
1895	D	1895	D, I, H	1910	D
1907	D, I, H, Z	1900	D		
		1905	D, I, H		

Die französische Marine hat nur einmal magnetische Karten herausgegeben, nämlich Karten der magnetischen Meridiane und Parallelkreise für 1857.

Inzwischen waren die magnetischen Verhältnisse weiterer Gebiete als die der obengenannten durch Vermessungen und darauf gegründete kartographische Darstellungen besser bekannt geworden: die Britischen Inseln durch eine zweite Vermessung (1860, Sabine); die Vereinigten Staaten von Nordamerika, für die zuerst 1875 Hilgard eine das ganze Gebiet der Union umfassende Isogonenkarte veröffentlichte, die später von Schott und Bauer auf Grund immer reichhaltigeren Beobachtungsmaterials so verbessert wurde, daß die Vereinigten Staaten jetzt zu den magnetisch am besten erforschten Gebieten der Erde gehören; Ungarn (1875) durch Schenzl; Niederländisch-Indien (1876) und Ostbrasilien (1883) durch van Rijckevorsel; Frankreich (1885) durch Moureaux; Japan (1887) durch Knott und Tanakadate; usw.

Wenn man die auf Grund solcher systematischer Aufnahmen konstruierten magnetischen Karten aus den Jahren 1835 bis 1890 mit einander vergleicht, wird man die Wahrnehmung machen, daß die isomagnetischen Linien fast überall einen glatten, regelmäßigen Verlauf haben und daß nur auf sehr wenigen Karten (Bayern nach Lamont, 1858; Österreich nach Kreil, 1862) einige Unregelmäßigkeiten vorkommen, die auf das Vorhandensein regionaler magnetischer Störungen schließen lassen. Der Grund für diese scheinbar große Gesetzmäßigkeit im Verlauf der magnetischen Kurven war ein doppelter. Einmal erwies sich die Zahl der vermessenen Stationen im allgemeinen als noch zu klein, um die wahre Verteilung der erdmagnetischen Kraft erkennen zu lassen, und sodann wandte man bei der Zeichnung der Linien meist ein rechnerisches oder graphisches Ausgleichungsverfahren an, das alle etwa vorhandenen Unregelmäßigkeiten verwischte und „schöne, glatte“ Kurven lieferte, die auch den theoretischen Vorstellungen besser zu entsprechen schienen. Ohne Zweifel hat nämlich die überraschende Übereinstimmung der nach der Gaußschen Theorie entworfenen isomagnetischen Linien mit den damals bekannten empirischen Darstellungen die Meinung begünstigt, daß diese Linien ein so regelmäßiges Gepräge haben müssen und daß häufig nur Messungsfehler störend dazwischen treten. Hat doch selbst Lamont, der in Bayern an etwa 240 Orten die magnetischen Elemente bestimmt und in den darauf basierenden Karten unzweideutige Störungsgebiete gekennzeichnet hat, eine solche Ansicht vertreten; denn bezüglich der von ihm für Südwesteuropa gezeichneten magnetischen Linien sagt er: „Merkwürdig ist der Parallelismus der Curven: die Vertheilung der magnetischen Kraft auf der Erdoberfläche scheint weit regelmäßiger zu sein, als man sich früher vorgestellt hat. Man darf fast sagen, daß die Unregelmäßigkeiten sich in dem Maße vermindern, als die Sicherheit der Beobachtung zunimmt“ (Untersuchungen über die Richtung und Stärke des Erdmagnetismus an verschiedenen Punkten des Südwestlichen Europa, Einleitung, S. 18). Wir wissen jetzt, daß das Umgekehrte der Fall ist.

Von diesen Ausgleichsmethoden wirkte die rechnerische auf die Glättung der Kurven weit stärker ein als die graphische. Die zuerst 1838 von Lloyd eingeführte und von Sabine etwas abgeänderte Methode bestand darin, für einen zentral gelegenen Punkt aus allen Beobachtungen nach der Methode der kleinsten Quadrate den „normalen“ Wert, den Winkel, unter dem die Isoklinen oder Isodynamen die Meridiane schneiden, und den Betrag der Zunahme des Elementes senkrecht zur isomagnetischen Linie zu berechnen (Report Brit. Assoc. 1838 S. 91). Mit mehrfachen Abänderungen ist dieses rechnerische Ausgleichsverfahren von Anderen viel gebraucht worden. Aber auch eine zu weit gehende graphische Ausgleichung hat manche berechtigte Unregelmäßigkeit verwischt, wie z B. die Tilloschen Karten von Rußland für 1870 zeigen, deren Kurvensystem durch „successive Approximation“ hergestellt ist.

Es war daher ein großer Fortschritt in der Entwicklung der magnetischen Kartographie, daß die dritte magnetische Aufnahme von Großbritannien in den Jahren 1884—88 unter Rücker und Thorpe eine so große Zahl von Stationen (210) umfaßte, daß die wahre Verteilung der magnetischen Kraft annähernd richtig dargestellt werden konnte. Die isomagnetischen Linien, z. B. die Isogonen, hatten nun durchaus nicht den idealen Verlauf wie sie noch die Evanssche Karte für die Epoche 1872 gezeigt hatte. Die magnetischen Störungen, deren Vorhandensein in Schottland und Irland man teilweise schon seit 1837 kannte, traten in den neuen Karten so zahlreich auf, daß eigentlich kaum eine einzige Linie glatt verlief. Dieser Umstand führte Rücker und Thorpe zu einer wissenschaftlichen Behandlung der Störungen, die sie in regionale und lokale[1]) einteilten, und zu deren Untersuchung sie durch rechnerische Ausgleichung aus den Beobachtungen terrestrische isomagnetische Linien ableiteten. Aus ihrem Vergleich mit den wahren isomagnetischen Linien konnte Größe, Richtung und Sitz der die Störung bewirkenden Kraft ermittelt werden. So wurde diese in den Philos. Transactions 1890 erschienene Arbeit (A magnetic survey of the British Isles for the epoch January 1, 1886) von grundlegender Bedeutung für die Lehre von der Verteilung der erdmagnetischen Kraft an der Erdoberfläche, zumal später eine vierte magnetische Vermessung Großbritanniens (1889—92) mit 677 Stationen denselben Verfassern gestattete, ihre diesbezüglichen Untersuchungen zu erweitern und zu vertiefen.

Allerdings hatte schon 1862 Kreil bei der Zeichnung der isomagnetischen Kurven der österreich-ungarischen Monarchie auch zweierlei Kurvensysteme (empirische und berechnete) eingetragen und die Störungen darnach untersucht, aber abgesehen davon, daß nach Liznars Ausführungen die Kreilschen Kurven wegen eines systematischen Messungsfehlers (Torsion) nicht richtig sind, war sein Material doch noch zu klein, um wirklich „wahre“ Linien zeichnen zu können. Dagegen muß auf Carlheim—Gyllensköld's graphische Behandlung der Störungen in Südschweden für die Epoche 1886.6 (erschienen 1889) hingewiesen werden, die der Arbeit von Rücker und Thorpe zeitlich etwas vorangeht.

Das Hauptverdienst der genannten Arbeiten von Rücker und Thorpe bestand meines Erachtens nicht in der Angabe einer neuen Ausgleichungsmethode zur Berechnung der von ihnen „terrestrisch“ genannten Linien, sondern vielmehr darin, daß sie zum ersten Mal einen scharfen Gegensatz konstruierten zwischen „wahren“ und „terrestrischen“ isomagnetischen Linien, und daß sie den ersteren zu ihrem Recht verhalfen; denn nur allzusehr waren bisher die magnetischen Linien glatt und geradlinig gezeichnet worden. Ihr Beispiel fand bald volle Beachtung.

---

[1]) Diese Namen haben sich seitdem eingebürgert. Neuerdings hat Bauer noch einen neuen Begriff hinzugefügt, wenn er von kontinentalen Störungen spricht und diese den regionalen und lokalen voranstellt (Some results of the magnetic survey of the United States. Science XXVII, 1908, S. 812—816).

Es sei hier daran erinnert, daß man auch in der Geodäsie bei den Lotabweichungen zwischen lokalen, regionalen und kontinentalen Störungen unterscheidet und daß die Entwicklung der magnetischen Kartographie mit derjenigen der modernen Geodäsie eine große Ähnlichkeit hat. Der Übergang vom Rotationssphäroid zum Geoid bedeutet einen ebenso großen Fortschritt wie der Ersatz der ausgeglichenen isomagnetischen Linien durch die wahren.

In vielen Ländern wurden die immer engmaschiger werdenden magnetischen Aufnahmen in derselben oder in einer sehr ähnlichen Weise bearbeitet. Geordnet nach der Epoche, für welche die betreffenden Karten gelten, waren es folgende Länder: die Niederlande, 1891, vermessen und bearbeitet durch van Rijckevorsel; Südschweden, 1892, Carlheim-Gyllensköld; Japan, 1895, Tanakadate; Frankreich, 1896, Moureaux; Südafrika, 1903, Beattie; Bayern, 1905, Messerschmitt. Andererseits wurden in manchen Ländern die magnetischen Elemente an so zahlreichen Orten bestimmt, daß die wahren isomagnetischen Kurven gezeichnet werden konnten. Ich nenne in dieser Beziehung: Maryland, 1900, Bauer; Württemberg, 1901, Haußmann; Dänemark, 1905, Paulsen; Vereinigte Staaten von Nordamerika, 1905, Bauer; Niederländisch-Indien, 1905, van Bemmelen; Adria, 1907, Keßlitz; Königreich Sachsen, 1907.5, Göllnitz[1]).

Alle diese neuen Karten zeigen ein und dasselbe charakteristische Gepräge. Die nach den Beobachtungen entworfenen isomagnetischen Linien sind nicht, wie man früher annahm, glatt und regelmäßig verlaufende Kurven, sondern sie verraten im Gegenteil so viele und so umfangreiche Unregelmäßigkeiten oder Störungen, daß man oft diese für die Regel und jene für die Ausnahme halten muß. Nicht nur Länder mit stark gegliedertem Terrain und mannigfaltig gestaltetem geologischen Aufbau zeigen ein solches Verhalten — wie namentlich Großbritannien, Frankreich, Japan u. s. w. —, sondern auch Flachländer und geologisch einförmige Gebiete, wie Holland und die preußischen Provinzen West- und Ostpreußen, deren Untersuchung noch im Gange ist. Ob auch auf den Ozeanen, für die ja die magnetischen Weltkarten bis jetzt nur ganz regelmäßig verlaufende Kurven geben, bei einer dichten Vermessung derartige Unregelmäßigkeiten zu Tage treten werden, läßt sich noch nicht entscheiden; doch möchte ich hier darauf hinweisen, daß Littlehales für den Nordatlantischen Ozean (40—50° N. Br.) ein solches Verhalten wahrscheinlich gemacht hat. Indessen dürften erst die mit dem für magnetische Vermessungen eigens gebauten Schiff *Carnegie* des Department of Terrestrial Magnetism der Carnegie Institution angestellten Beobachtungen, falls sie dicht genug sind, darüber Gewißheit bringen.

Die systematische Behandlung der Störungsgebiete durch Rücker und Thorpe hatte ferner zur Folge, daß in den letzten zwei Jahrzehnten mehrere lokale und regionale Störungen durch besonders spezielle Vermessungen genauer untersucht wurden, und zwar auch in Ländern, die einer allgemeinen magnetischen Aufnahme noch entbehren. Die näheren Nachweise folgen wieder im II. Teil, wo die Karten der Störungsgebiete jedesmal am Ende des betreffenden Landes stehen.

Auch darin zeigte sich ein Fortschritt in der magnetischen Kartographie, daß außer den üblichen Elementen D, I, H, gelegentlich F und Z, auch die drei Kraftkomponenten X, Y, Z zur Darstellung gebracht wurden, für die zuerst Ad. Schmidt 1898 eine Weltkarte entwarf.

Ich schließe hiermit meine Ausführungen über die Entwicklung der magnetischen Kartographie seit 1700 und verweise wegen vieler Einzelheiten über die magnetischen Karten auf

[1]) Einige andere Vermessungen oder Kartenpublikationen, die in die Zeit seit 1890 fallen, umfassen noch zu wenig Stationen, um den wahren Verlauf der isomagnetischen Linien zeichnen zu können, wenn auch hin und wieder Störungsgebiete deutlich zu erkennen sind. Dahin gehören: Österreich-Ungarn, 1890, Liznar, Kurländer, Keßlitz, Laschober (nur rechnerisch ausgeglichene Kurven); Philippinen, 1892, Cirera; Italien, 1892, Tacchini und Palazzo; Schweiz, 1892, Battelli; Brasilien, 1904, Silvado; Argentinien, 1908, Davis.

den zweiten Teil dieser Abhandlung, in dem sie nach Ländern und innerhalb dieser nach der Epoche geordnet sind.

Gegenwärtiger Stand.

Es mögen nun einige zusammenfassende Bemerkungen über den gegenwärtigen Stand der magnetischen Kartographie folgen, sowohl nach ihrer extensiven Seite wie nach der Genauigkeit der Karten.

Aus dem Obigen geht schon hervor, daß nur ein sehr kleiner Teil der Erdoberfläche in magnetischer Hinsicht soweit erforscht ist, daß man mit genügender Annäherung die wahre Verteilung der erdmagnetischen Kraft kennt. Es sind das Großbritannien, Frankreich, die Niederlande, Südschweden, Teile von Deutschland, große Teile von den Vereinigten Staaten Nordamerikas und Japan.

Länder, deren magnetische Verhältnisse zwar weniger genau bekannt sind, für die aber schon allgemeine magnetische Karten vorliegen, sind folgende: Italien, Österreich-Ungarn, die Schweiz, Teile von Deutschland, Dänemark, Teile von Rußland — am besten bekannt sind die magnetischen Linien im Kaspigebiet (Rykatschew, 1881) und in der Ostsee (Zotow, 1901) —, die Philippinen, Niederländisch-Indien, Indien[1]), Südafrika, Victoria in Australien und Brasilien.

Von allen übrigen Ländern liegen entweder gar keine oder unzulängliche magnetische Karten vor; beschränke ich mich bei ihrer Aufzählung auf Europa, so sind es also folgende: Iberische Halbinsel (westl. Mittelmeer, 1888, Moureaux), Belgien[2]) (1871, Perry), Norwegen[3]), Mittel- und Nordschweden (vacant), das Russische Reich (1870, v. Tillo), Südosteuropa (1850, Kreil).

Wir sind also noch weit davon entfernt, die Verteilung der erdmagnetischen Kraft auf dem Festland, geschweige denn auf dem Meere in einer der Wirklichkeit möglichst annähernden Form zur Darstellung bringen zu können. Ein reiches und fruchtbares Feld der Tätigkeit bietet sich hier den Forschern dar, und wenn man auch nicht hoffen darf, in absehbarer Zeit soweit zu kommen, daß man die wahren isomagnetischen Linien auf dem gesamten Festland oder gar auf der ganzen Erdoberfläche entwerfen kann, so sollten doch wenigstens alle Kulturländer dieses Ziel für sich zu erreichen bestrebt sein und es auch in ihrem Kolonialbesitz an magnetischen Messungen nicht fehlen lassen.

Die Genauigkeit der magnetischen Karten wird von mannigfachen Fehlern und Faktoren beeinflußt, die sich nach folgenden Gesichtspunkten gruppieren lassen: 1. Fehler der magnetischen Messungen, 2. Fehler der zugehörigen Ortsbestimmungen, 3. Fehler der Reduktion wegen der erdmagnetischen Variationen und auf die gemeinsame Epoche, 4. Unzu-

---

[1]) Eine neue eingehende magnetische Vermessung Indiens ist dem Abschluß nahe.

[2]) Niesten hat 1899—1900 an 40 Stationen in Belgien die Deklination und z. T. die Horizontalintensität bestimmt, auch eine Isogonenkarte darnach entworfen, die indessen nicht veröffentlicht worden ist; vgl. Niesten, À propos de la carte magnétique de Belgique (Congrès internat. d. météorologie. Paris 1900. Procès-verbaux des séances et mémoires. Paris 1901. 8⁰. S. 216—221).

[3]) Seit Hansteen's Zeiten sind viele magnetische Messungen in Norwegen gemacht worden, aber eine systematische Landesaufnahme steht noch aus.

länglichkeit des Beobachtungsmaterials, 5. Methode der Darstellung. Ich will alle diese Punkte der Reihe nach kurz erörtern.

1. Die Genauigkeit magnetischer Messungen hat mit der allmählichen Vervollkommnung der Instrumente und der Verbesserung der Methoden vom Ende des XV. Jahrhunderts bis auf die Gegenwart natürlich sehr erheblich zugenommen, ist aber zu allen Zeiten bei Schiffsbeobachtungen geringer gewesen als bei Messungen an Land. Weitaus die Mehrzahl der alten Deklinationsmessungen, die man zur Konstruktion von Isogonen für Epochen vor etwa 1770[1]) benutzte, waren solche Schiffsbeobachtungen, die an dem Entwurf der magnetischen Weltkarten auch heute noch einen sehr großen Anteil haben.

Anfänglich scheint die Bestimmung der Mißweisung nur auf ein Viertel oder gar einen halben Strich ($11^1/_4{}^0$) genau gewesen zu sein, doch machen die Piloten des XVI. Jahrhunderts schon auf einen Grad genaue Angaben, ja der ausgezeichnete Beobachter João de Castro bestimmte auf seiner Fahrt nach Ostindien (1538—1541) die Deklination häufig bis auf Viertel-Grade. Dank der Verbesserung der Instrumente durch Stevin, Borough, Martino u. a. wurde kaum ein Jahrhundert später schon eine solche Genauigkeit erreicht, daß einzelne Beobachter die Deklination bis auf Minuten angaben, wie auch die große Sammlung alter Deklinationsbeobachtungen in Kirchers Werk „Magnes" (1643) deutlich zeigt. Der großen Fehlerquelle, der magnetische Messungen an Bord eines Schiffes wegen der auf ihm befindlichen Eisenmassen unterworfen sein können, ist man sich zwar schon zu Ende des XVII. Jahrhunderts gelegentlich bewußt geworden (Dampier), doch wurde die Deviation des Kompasses erst seit dem XIX. Jahrhundert wirklich in Rechnung gezogen. Es ist merkwürdig, daß nicht schon Halley, der doch eigens zu magnetischen Vermessungen zwei ausgedehnte Fahrten im Atlantischen Ozean unternahm, den Schiffseinfluß erkannte[2]).

Die magnetischen Messungen im Felde sind erst seit den vierziger Jahren des vorigen Jahrhunderts wesentlich genauer als früher geworden, seitdem die Ausführung magnetischer Landesaufnahmen zur Konstruktion dazu geeigneter Apparate die Veranlassung gab. Lamont, der schon vorher die großen Magnete der Gauß-Weberschen Schule bei Standapparaten aufgegeben hatte, lieferte zuerst handliche und brauchbare Reiseinstrumente, die sich lange im Gebrauch gehalten haben. Diese Art von Apparaten (magnetische Reisetheodolite, Universalinstrument, Nadel-Inklinatorium, Induktions-Inklinatorium usw.) sind inzwischen allmählich so verbessert worden, daß die Bestimmung der Deklination und Inklination im Felde bis auf 1—2 Minuten genau erfolgt, während der Fehler bei der Horizontalintensität 5—10 γ beträgt; in besonders günstigen Fällen sind die mittleren Fehler der Feldmessungen noch etwas kleiner.

[1]) Vgl. im zweiten Teile den Nachweis dieser Karten und insbesondere die von Hansteen, van Bemmelen u. a. gezeichneten Isogonen für die Epochen vor 1700.

[2]) Wie schon oben S. 10 erwähnt wurde, hat Halley keinerlei wissenschaftlichen Bericht über seine magnetischen Expeditionen und über die Art der Verwertung seiner und anderer Beobachtungen zur Konstruktion der magnetischen Karten für 1700 veröffentlicht, jedoch wurde nachträglich von A. Dalrymple (A collection of voyages chiefly in the Southern Atlantick Ocean. London 1775. 4°) das Halleysche Beobachtungsjournal bekannt gegeben. Es bietet dem Erdmagnetiker relativ weniger Ausbeute als der Roteiro von João de Castro vom Jahre 1538, und der Herausgeber Dalrymple hat ganz recht, wenn er in der Vorrede sagt: »The name of Dr. Halley will probably raise expectations in the Publick which his Journals will be far from satisfying; this has induced me to give the Journals *verbatim*, that the reader may be satisfied there is no ground to complain of the *Editor's omissions* . . .«

Dagegen schätzt Bauer die Bestimmung der Deklination und Inklination an Bord des eigens für magnetische Vermessungen eingerichteten Schiffes *Carnegie* nur bis auf 6 Minuten genau, während der Fehler bei der Horizontalintensität etwa 100 γ beträgt („Nature", October 28, 1909, S. 531). Um wieviel größer müssen die Fehler der Messungen auf gewöhnlichen Schiffen sein! Unter diesen Umständen wird es verständlich, daß die von den Marinebehörden verschiedener Nationen herausgegebenen Isogonenkarten stellenweise um mehr als 1⁰ von einander abweichen, und daß die von Bauer veranlaßten Messungen der *Galilei* im Stillen Ozean Abweichungen bis zu 3⁰ ergaben.

Erforderlich ist ferner, daß die zur Beobachtung im Felde gebrauchten Instrumente mit denen des Zentralobservatoriums des betreffenden Landes genau verglichen und die etwa vorhandenen Differenzen berücksichtigt sind. Wegen des Anschlusses der isomagnetischen Kurven benachbarter Länder an einander sollten natürlich auch die Beziehungen der Normalinstrumente der verschiedenen Zentralstellen zu einander bekannt sein. In dieser Hinsicht ist schon manches geschehen, doch steht eine vollständige Vergleichung aller Normalinstrumente noch aus. Nach den bisher gemachten diesbezüglichen Vergleichen zeigten sich Differenzen von etwa demselben Betrage, der eben als mittlerer Fehler der Feldmessungen angegeben wurde.

2. Auch bei der Bestimmung der geographischen Koordinaten der Orte, an denen magnetische Messungen ausgeführt sind, hat man zwischen Schiffs- und Landbeobachtungen zu unterscheiden. Bei ersteren wird in früheren Zeiten wohl einfach das Mittagsbesteck genommen worden sein, während die Messung der Deklination vielleicht am Morgen oder Abend erfolgte (Schattenazimute eines Gnomons bei Sonnenaufgang und -untergang nach der Methode von Guillen und Faleiro, Anfang des XVI. Jahrhunderts). Die dadurch entstandenen Fehler der Ortsbestimmung können sich bis auf 1⁰ oder mehr belaufen.

Bei den auf dem Lande gemachten magnetischen Messungen entnimmt man die geographischen Koordinaten meist geographischen Karten, astronomischen Tafeln oder trigonometrischen Vermessungen. Die dadurch entstehenden Fehler sind heutzutage so klein, daß sie kaum in Betracht kommen, können aber früher einige Minuten betragen haben. In unerforschten Ländern, wo obige Hilfsmittel fehlen, muß die astronomische Ortsbestimmung selbständig vorgenommen werden; Fehler von einigen Bogenminuten, namentlich in der Längenbestimmung, können dann leicht vorkommen.

3. Die Reduktion der magnetischen Feldmessungen wegen der täglichen und jährlichen Schwankungen, wegen der unperiodischen Störungen, sowie wegen der Säkularvariation hat natürlich erst berücksichtigt werden können, seitdem man diese Erscheinungen kennt. Die letztere, welche eine Reduktion aller zur Konstruktion der isomagnetischen Linien benutzten Beobachtungen auf eine gemeinsame Epoche nötig macht, war seit 1635 bekannt und wurde auch schon von Halley bei seinen Karten für 1700 berücksichtigt, die ersteren sind aber erst seit etwa sechzig Jahren, ja z. T. seit noch kürzerer Zeit in Rechnung gezogen worden, obwohl die tägliche Bewegung der Deklinationsnadel schon 1722 bekannt wurde.

Die Genauigkeit, mit der die Reduktion wegen der täglichen und jährlichen Periode, sowie wegen der Störungen erfolgt, hängt hauptsächlich davon ab, ob ein magnetisches Observatorium mit kontinuierlicher Registrierung der magnetischen Elemente innerhalb des Vermessungsgebietes oder wenigstens in seiner Nähe liegt. Ist das Gebiet räumlich sehr ausgedehnt, so genügt nicht ein einziges Observatorium, da die genannten magnetischen Variationen alsdann nicht mehr als überall gleich groß angenommen werden dürfen. Allerdings hat sich noch Moureaux bei der Reduktion der in Frankreich gemachten Messungen allein der Registrierungen des nicht ganz zentral gelegenen Observatoriums im Parc St. Maur bedient, da die Schwankungen in Nantes und Perpignan seiner Angabe nach fast identisch mit denen im Parc St. Maur waren, aber neuerdings sucht man doch mit Recht die Basisstation möglichst nahe zu haben, da feinere Untersuchungen gezeigt haben, daß im Betrage der periodischen und unperiodischen Variationen räumliche Verschiedenheiten auf viel geringere Entfernungen vorkommen als man früher annahm. Ein temporäres Observatorium mit Registrierapparaten, das während der Dauer der Vermessung in Tätigkeit ist, genügt für den Zweck und ist mit den Eschenhagenschen Variometern (Verh. d. Deutsch. Physikal. Ges. I, Nr. 9 und Terrestrial Magnetism V, 1900, S. 59) leicht und ohne große Kosten einzurichten. So wurde z. B. bei der magnetischen Aufnahme von Württemberg, da Potsdam zu weit erschien, um als Basisstation zu dienen, in Kornthal, unweit von Stuttgart, ein derartiges kleines Observatorium vorübergehend in Betrieb gesetzt. Desgleichen ist bei Straßburg i. E. ein solches 1906 in Funktion gewesen, als die magnetischen Messungen in Südwestdeutschland ausgeführt wurden (vgl. Meteorol. Zeitschr. 1907, S. 506). Bei der letzten japanischen Vermessung hat sich Tanakadate in Ermangelung von Registrierungen dadurch zu helfen gesucht, daß er die tägliche Periode durch dreimalige Messungen am Tage, morgens zwischen 8 und 9^h, mittags zwischen 1 und 2^h und abends gegen 6^h, bei der Inklination und der Horizontalintensität möglichst eliminierte, während die Deklination so oft bestimmt wurde, daß sich für jede Station Kurven ihres täglichen Ganges an den betreffenden Messungstagen zeichnen ließen. Nicht weniger als 59 Tafeln mit solchen Kurven sind seinem Werke beigegeben. Ein solches Verfahren ist natürlich nur durchführbar, wenn zahlreiche Beobachter zur Verfügung stehen.

Die Reduktion der außerhalb der Kulturländer, fern von magnetischen Observatorien angestellten Messungen bietet die größten Schwierigkeiten dar und bedingt sicherlich bisweilen namhafte Fehler, die in den Verlauf der isomagnetischen Kurven mit hineingehen. Die ungleiche Verteilung der magnetischen Observatorien auf der Erdoberfläche macht sich in dieser Beziehung sehr störend geltend und wird leider noch auf unabsehbare Zeit ein großes Hindernis für die richtige Verwertung der in abgelegenen Ländern und Meeren gemachten Beobachtungen bleiben.

Auf die jährliche Periode der Deklination, die überall klein ist und nur ein bis drei Minuten Amplitude hat, wird häufig gar keine Rücksicht genommen.

Die Reduktion wegen etwaiger Störungen pflegt man mit der wegen der täglichen Periode zu vereinigen. Oft wird man aber besser tun, die während großer Störungen gemachten Beobachtungen, die sich bei allen drei Elementen zeigen müssen, ganz fallen zu lassen.

Die wichtigste, zugleich aber auch die schwierigste Reduktion ist die durch die Säkularvariation bedingte auf eine gemeinsame Epoche. Die Anschauungen über die Genauigkeit dieser Reduktion haben sich im Laufe der letzten Jahre gründlich geändert. Während man nämlich früher glaubte, durch Anbringung der Säkularvariation die magnetischen Elemente auf

Jahrzehnte im voraus berechnen zu können, beschränkt man sich jetzt bei ihrer Anwendung auf möglichst wenig Jahre, damit der entstehende Fehler klein bleibt. Wenn die magnetische Vermessung eines Gebietes innerhalb eines Jahres erledigt ist und alle Beobachtungen auf den Anfang oder die Mitte dieses Jahres reduziert werden, ist die Unsicherheit der Reduktion natürlich gering. So geschah es neuerdings in Württemberg und in Sachsen.

Die Berechnung der Säkularvariation erfolgt gewöhnlich in der Weise, daß man die Differenz der zu verschiedenen Epochen ermittelten Werte durch die Zahl der zwischenliegenden Jahre dividiert. Wenn nun das Intervall zwischen den beiden Messungen groß ist, wie dies früher meistens der Fall war (20 bis 50 oder gar mehr Jahre), erhält man zwar einen mittleren Wert der jährlichen Säkularvariation in dieser Periode, der aber von dem in den nächstfolgenden Jahren wirklich eintretenden um einige Minuten (bei der Deklination) verschieden sein kann. Denn der Betrag, um den sich die magnetischen Elemente von Jahr zu Jahr ändern, ist relativ großen Schwankungen unterworfen und scheint namentlich bei den Umkehrpunkten in der Säkularbewegung (Maximum und Minimum) sehr veränderlich zu sein. Es müssen deshalb die älteren magnetischen Karten, die durch Anbringung einer aus weit auseinander liegenden Messungen berechneten mittleren jährlichen Säkularvariation evident erhalten wurden, oft ziemlich falsch gewesen sein. Die Anwendung der Säkularvariation wird also viel sicherer sein, wenn sie aus Beobachtungen ermittelt ist, die nur um wenige Jahre zurückliegen. Dies war z. B. der Fall bei den letzten und vorletzten Vermessungen Frankreichs, Großbritanniens und Japans, wo an zahlreichen gut verteilten Stationen die magnetischen Elemente innerhalb 5 bis 11 Jahren zweimal bestimmt wurden, so daß z. B. Moureaux Linien gleicher mittlerer jährlicher Säkularvariation der Deklination mit ziemlicher Verläßlichkeit entwerfen konnte. Noch zuverlässigere Resultate würde man natürlich erzielen, wenn an einigen zweckmäßig verteilten Orten die Messungen jedes Jahr wiederholt würden, so daß der Betrag der Säkularvariation für jedes einzelne Jahr berechnet werden könnte. In den Vereinigten Staaten von Nordamerika, wo man sich seit Schott's Zeiten gerade um die möglichst genaue Bestimmung der Säkularvariation viel gekümmert hat, gibt es schon solche „repeat stations", doch erfolgt ihre Besetzung noch nicht systematisch genug, um für das große Gebiet die wichtige Frage in dem eben geforderten Umfange lösen zu können.

Wie groß die Schwankungen im Betrage der Anderung der magnetischen Elemente von Jahr zu Jahr und damit zugleich die Unsicherheit der Reduktion wegen der Säkularvariation ausfallen, geht am besten aus den nachfolgenden Zahlen hervor, welche die Änderungen der Jahresmittel von D, I und H am Magnetischen Observatorium bei Potsdam darstellen.

	Deklination	Inklination	Horizontalintensität
1891			
	−6'.0	+0'.5 (?)	+10.1 γ
1892			
	−4.9	−0.8	+31.0
1893			
	−5.9	−1.7	+18.3
1894			
	−5.5	−2.2	+25.7
1895			
	−5.6	−1.4	+26.4
1896			
	−4.6	−2.0	+27.2
1897			
	−4.7	−1.1	+20.5

	Deklination	Inklination	Horizontalintensität
1898			
	— 4.3	— 2.0	+ 23.6
1899			
	— 4.4	+ 0.4 (?)	+ 25.7
1900			
	— 4.2	— 3.4 (?)	+ 17.4
1901			
	— 4.1	— 1.9	+ 11.9
1902			
	— 4.3	— 0.8	+ 3.2
1903			
	— 4.4	— 0.4	+ 3.9
1904			
	— 4.9	— 0.3	— 1.0
1905			
	— 4.9	— 0.9	± 0.0
1906			
	— 5.6	+ 0.6	— 13.0
1907			
	— 5.6	+ 0.1	— 13.0
1908			

Vorausgesetzt nun, es wären nur die Jahresmittel der Deklination für 1900 und 1904 bekannt und man hätte den voraussichtlichen Wert für das Jahr 1908 zu berechnen. Aus den Werten der Deklination für 1900 und 1904, nämlich — 9°56'.3 und — 9°39'.4, ergibt sich die jährliche Säkularvariation zu — 4'.225, also von 1904 ausgehend die Deklination für 1908 zu — 9°22'.5. In Wahrheit ist sie aber — 9°18'.4 gewesen, d. h. um mehr als 4 Minuten verschieden.

Wenn die Unsicherheit der Reduktion schon relativ groß ist bei einem Observatorium, auf dem mit den bestmöglichen Mitteln die absoluten magnetischen Messungen systematisch ausgeführt werden, muß sie natürlich noch größer ausfallen, wenn nur vereinzelte Feldmessungen zur Ableitung der Säkularvariation verwandt werden können.

Verhältnismäßig früh ist der Versuch gemacht worden, Linien gleicher jährlicher Änderung der Deklination zu zeichnen, so z. B. auf der von der englischen Admiralität herausgegebenen Weltkarte für 1858, auf deren Neuausgaben sie gleichfalls erscheinen. Sie sind natürlich auch heute noch recht unsicher, weil dabei die Säkularvariation aus verschieden langen Zeitintervallen berechnet und zudem die Zahl der dazu benutzten Stationen klein ist. Es war mir daher überraschend zu sehen, daß auf der neuesten vom Department of the Navy in Washington herausgegebenen magnetischen Weltkarte für 1910 die Linien gleicher jährlicher Säkularvariation der Deklination sogar von 1' zu 1' im großen Maßstabe von 1 : 47 Millionen gezeichnet sind.

Schließlich wäre beim Kapitel der Reduktionen noch zu erwähnen, daß streng genommen auch eine solche auf ein gleiches Niveau ausgeführt werden sollte; indessen ist unsere Kenntnis über die Änderung im Betrage der magnetischen Elemente mit der Höhe noch so mangelhaft, daß sie vorerst besser ganz unterbleibt oder daß man vereinzelte Messungen in sehr großer Seehöhe bei der Konstruktion der magnetischen Karten nicht berücksichtigt. Meines Wissens hat nur Tanakadate bei den letzten japanischen Karten diesem Faktor Rechnung getragen. Sollten aber einmal auf den hoch gelegenen innerasiatischen Plateaus von 3000—4000 m Seehöhe zahlreiche magnetische Messungen ausgeführt und mit den im sibirischen Tiefland oder in der Ebene des Ganges gemachten zu einer Karte kombiniert werden, dann würde man allerdings dieser Frage eingehendere Beachtung schenken müssen.

4. Daß die Genauigkeit der magnetischen, wie der meisten geophysikalischen Karten auch von der Größe des zu ihrer Konstruktion verwendeten Beobachtungsmaterials abhängt, erscheint uns jetzt selbstverständlich. Es gab aber eine Zeit, wo dies nicht der Fall war.

Vor 50 bis 60 Jahren glaubte man mit relativ wenigen Messungen die isomagnetischen Linien ziehen zu können. Zwar machten sich auch damals schon einige Abweichungen bemerkbar, die nicht zu den übrigen Messungen passen wollten, aber durch das oben erwähnte rechnerische Ausgleichungsverfahren wurden solche Unregelmäßigkeiten radikal beseitigt. Dazu kam, daß zur Berechnung der numerischen Werte der 24 Koeffizienten in der Gaußschen Potentialtheorie des Erdmagnetismus die Beobachtungen von nur 84 auf 7 Breitenkreisen verteilten Punkten schon soweit genügten, um eine ziemlich gute Übereinstimmung zwischen den nach der Theorie und der Beobachtung gezeichneten isomagnetischen Linien auf der ganzen Erde zu erzielen.

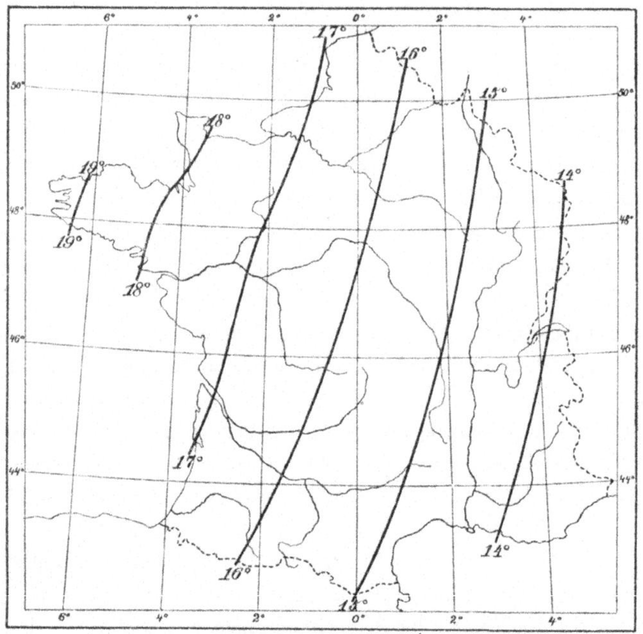

Isogonen für 1885 nach Beobachtungen an 80 Stationen.

Dieser Erfolg bestärkte naturgemäß die Ansicht von der Regelmäßigkeit im Verlauf der magnetischen Kurven. Erst, als die Messungen auf relativ kleinem Gebiet sich häuften und dabei so viele Unregelmäßigkeiten auftraten, daß man ihnen beim Entwurf der Kurven Rechnung tragen mußte, kam man allmählich zu der Einsicht, daß die Zahl der Beobachtungen stark vermehrt werden müßte, ja oft gar nicht groß genug sein könnte, um isomagnetische Linien zu entwerfen, die der Wirklichkeit entsprechen.

Der Vergleich der magnetischen Karten ein und desselben Landes für verschiedene Epochen zeigt am deutlichsten, welche Fortschritte in dieser Beziehung mit zunehmender Zahl der Stationen gemacht worden sind. Nehmen wir z. B. Frankreich, wo Lamont 1856—57 an 44, Perry 1868—69 an 33, Marié Davy 1875 an 20, Moureaux 1884—85 an 80 und 1888—95 an 617 Punkten die magnetischen Elemente bestimmt hat. Die Isogonenkarten der drei ersten Forscher zeigen einen ganz glatten Verlauf der Linien, bei der Karte von Moureaux für 1885 ist das auch noch der Fall und nur in der Bretagne zeigt sich eine kleine Abweichung, dagegen haben die Kurven auf der Karte für 1896 einen sehr komplizierten Verlauf, wie man aus den hier in verkleinertem Maßstabe wiedergegebenen Karten am besten ersehen kann.

Dieselbe Wahrnehmung macht man beim Vergleich der alten und neuen englischen, holländischen und dänischen Karten, oder, wenn man die Lamontschen Karten mit den neuen Schaperschen Karten der Ostseeküste vergleicht. Besonders lehrreich in dieser Hinsicht ist aber

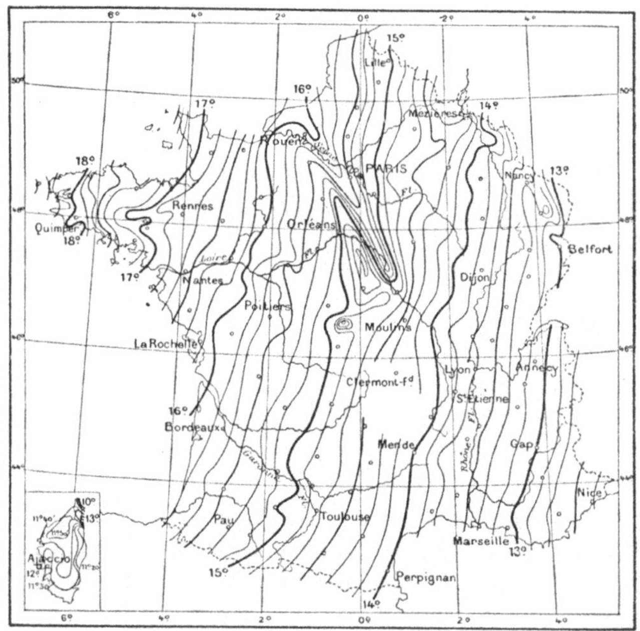

Isogonen für 1896 nach Beobachtungen an 617 Stationen.

die Entwicklung der nordamerikanischen Karte. Als Hilgard zuerst für 1875 eine das ganze Gebiet der Vereinigten Staaten umfassende Isogonenkarte entwarf, zeichnete er glatt verlaufende Linien; die erste Schottsche Karte für 1885, die auf alten und neuen Messungen an 2359 Orten beruhte, berücksichtigte schon etwas die großen Störungen, zeigte aber immer noch recht regelmäßige, nämlich ausgeglichene Kurven. Die zweite und dritte Ausgabe der Schottschen Karte für 1890 und 1900, welch' letzterer die Beobachtungen an 3591 Stationen zu Grunde liegen, verrieten schon zahlreiche Unregelmäßigkeiten, die nun nicht mehr rechnerisch ausgeglichen waren, und die neuesten von Bauer besorgten Karten für 1902 und 1905 zeigen einen so mannigfaltig verschlungenen Verlauf der Isogonen, daß der Verfasser treffend bemerkt: „When you see perfectly regular or smoothly flowing lines you may rest assured that they have been either smoothed out or conventionalized or that they depend upon but very few data. Instead of the irregularities being the abnormal features, they are the normal ones, and regularities are, in fact, the abnormal features" [1]).

Die „Dichtigkeit" der magnetischen Vermessung eines Landes ist also mit ausschlaggebend für die Genauigkeit der darauf basierten magnetischen Karten, und deshalb will ich hier noch einige diesbezügliche Angaben machen. Beurteilt man diese Dichtigkeit nach der Anzahl der Quadratkilometer, auf die eine Messungsstation entfällt, so ergibt sich für die neueren eingehenderen Vermessungen und die danach entworfenen Karten folgende Reihenfolge:

Land	Epoche der Karte	Zahl der Stationen	Dichtigkeit in qkm.
Niederlande	1891	328	100
Königreich Sachsen . . .	1907.5	101	150
Maryland	1900	137	230
Dänemark	1905	170	235
Württemberg	1901	65	300
Britische Inseln	1891	677	465
Schweiz	1892	70	590
Frankreich	1896	617	870
Italien	1892	284 [2])	1010
Japan	1895	320	1190
Preußen [3])	1909	265	1400
Ver. Staaten v. Nordamerika [4])	1905	3500	2680
Österreich-Ungarn [5]) . . .	1900	210	3220
Südafrika	1903.5	405	ca. 3500

Man darf nun allerdings nicht annehmen, daß die Genauigkeit der magnetischen Karten diesen Dichtigkeitswerten proportional sei; denn in einem Lande mit ausgedehnten oder mit zahlreichen kleineren Störungsgebieten sind zur Konstruktion der Kurven naturgemäß weit mehr Beobachtungen erforderlich als in einem Lande, wo solche fehlen.

5. Die Methode, nach der die isomagnetischen Linien entworfen werden, beeinflußt deren Verlauf ganz wesentlich. Wie die rechnerischen Ausgleichungsverfahren in dieser Hinsicht früher gewirkt haben, ist oben schon erörtert worden. Will man aber wahre isomagnetische Linien zeichnen, dann trägt man gewöhnlich auf einer Karte größeren Maßstabes die Stationspunkte nach Länge und Breite genau ein, schreibt die entsprechenden Werte des Elementes bei und versucht dann die Linien gleichen Betrages in einem Abstand zu ziehen, der

[1]) L. A. Bauer, Some results of the magnetic survey of the United States (Science, N. S., vol. XXVII, 1908, S. 812—816).

[2]) Neu gemessen wurden die magnetischen Elemente an 189 Stationen und mitberücksichtigt diejenigen von 95 alten. Läßt man letztere weg, so ist die Dichtigkeit 1530.

[3]) Einschließlich Mecklenburg und Oldenburg.

[4]) Nur an einem Teil dieser großen Zahl von Stationen wurden neue Messungen gemacht.

[5]) Einschließlich Bosnien und Herzegowina.

durch die Größe des Maßstabes und des Beobachtungsmaterials bedingt ist. Außer bei Spezialkarten von Störungsgebieten wird man den Abstand der Linien bei der Deklination und Inklination selten unter 10' und bei der Intensität kaum unter 50 γ wählen dürfen. Beim Zeichner wahrer isomagnetischer Linien (wie aller Isoplethen) muß man natürlich eine gewisse Übung und Geschicklichkeit voraussetzen, ebenso wie beim graphischen Ausgleichen und beim Generalisieren in Störungsgebieten große Vorsicht sowie ein gewisser Takt geboten sind. Letzteres gilt namentlich auch beim Übertragen der in großem Maßstabe entworfenen Karten auf die kleineren Maßstabes, wie sie zur Veröffentlichung kommen. Bei der technischen Herstellung dieser empfiehlt sich die Zuhilfenahme der Photographie, um etwaige Übertragungsfehler möglichst zu vermeiden.

Theoretische Karten.

Die theoretischen magnetischen Karten, deren Zahl im Vergleich zu den nach Beobachtungen konstruierten sehr klein ist, zerfallen in solche, die nach einer bloßen Annahme gezeichnet sind, wie diejenigen von Dunn (1776), Béron (1860) u. A., die meist ein Gemisch[1]) von Empirie und scheinbarer Theorie darstellen, und in solche, die auf Grund wirklicher mathematischer Theorien entworfen wurden. Dahin gehören die Eulersche Karte und namentlich die nach der Gaußschen Potentialtheorie gezeichneten. Alle diese Karten sind Weltkarten.

Sie sind am Ende des II. Teiles dieser Abhandlung einzeln aufgeführt, und ich hätte hier nur noch hinzuzufügen, daß Neumayer die Neuberechnung der 24 Gaußschen Konstanten für das Jahr 1885 hat ausführen und darnach Karten konstruieren lassen, die zwar nicht veröffentlicht wurden, deren Abweichungen von den zu Grunde liegenden empirischen aber summarisch auf Kärtchen dargestellt sind; vgl. G. Neumayer, Über das gegenwärtig vorliegende Material für erd- und weltmagnetische Forschung (Verhandlungen des achten deutschen Geographentages zu Berlin 1889. Berlin 1889. 8⁰. S. 32—66). Die dabei sich ergebende, wenig befriedigende Übereinstimmung beider Arten von magnetischen Weltkarten bestimmte Neumayer, die Entwicklung der Gaußschen Theorie auf Glieder der fünften und sechsten Ordnung, also auf 35 und 48 Konstanten, auszudehnen, doch sind die darnach gezeichneten theoretischen Karten nicht bekannt gegeben worden. Neumayer begnügt sich zu konstatieren, „daß auch — unerachtet dieser außerordentlich ausgedehnten Arbeit — das Ergebnis noch nicht als befriedigend bezeichnet werden konnte.“

Seitdem hat sich unsere Kenntnis von der wahren Verteilung der erdmagnetischen Kraft an der Erdoberfläche so vermehrt, daß es aussichtslos erscheint, den überaus verschlungenen Verlauf der isomagnetischen Linien durch die Gaußsche Potentialtheorie genau darstellen zu wollen. Wohl aber ist diese imstande, die Grundzüge der Verteilung wiederzugeben, wozu schon einige wenige Glieder der Reihe ausreichen.

[1]) Auch gar manche der empirischen magnetischen Weltkarten sind eingestandenermaßen oder stillschweigend nach der Gaußschen Theorie, namentlich in den Polargebieten, ergänzt.

Postulate der magnetischen Kartographie.

In den vorstehenden Darlegungen über die Entwicklung und den gegenwärtigen Stand der magnetischen Kartographie habe ich schon einige Winke und Wünsche für deren Weiterentwicklung angedeutet, die ich zum Schluß als Postulate kurz zusammenfasse.

1. Es ist die wichtigste Aufgabe der magnetischen Kartographie, die wahren isomagnetischen Linien kennen zu lehren. Sodann erst kommen die aus den Messungen durch Rechnung abgeleiteten ideellen Linien in Betracht, die nach dem Vorgang von Rücker jetzt meist terrestrische genannt werden[1]).

2. Daher ist in Ländern, deren magnetische Verhältnisse schon ziemlich bekannt sind, die Ausführung dichtmaschiger magnetischer Aufnahmen dringend geboten, während in den magnetisch unbekannten Gebieten auch vereinzelte Messungen von Wert sind.

Die vom Department of Terrestrial Magnetism der Carnegie Institution begonnene Vermessung des Pazifischen und Atlantischen Ozeans sollte auch auf die übrigen Meere ausgedehnt und zugleich möglichst verdichtet werden.

3. Den magnetischen Karten, die auf Grund eingehender Vermessungen entworfen sind, sollte stets eine Karte beigefügt werden, welche die räumliche Verteilung der benützten Stationen erkennen läßt.

Die Angabe des Maßstabes der Karten darf auf ihnen nicht fehlen (vgl. S. 31).

4. Zur genauen Reduktion der im Felde gemessenen magnetischen Elemente wegen der Variationen sollte im Vermessungsgebiet selbst ein transportables Observatorium mit Registrierapparaten gleichzeitig in Betrieb gesetzt werden, falls nicht ein geeignet gelegenes festes Observatorium vorhanden ist.

5. Die wichtige Frage der Säkularvariation muß in möglichst umfassender Weise von neuem studiert werden, da sie eine viel verwickeltere Erscheinung ist, als man bisher angenommen hat.

Für die Zwecke der Evidenzerhaltung magnetischer Karten müssen die magnetischen Elemente an einer solchen Zahl von Stationen („Säkularstationen“ könnte man sie nennen, „repeat stations“ der Amerikaner) in möglichst regelmäßigen Intervallen neu bestimmt werden, daß man Kurven gleicher mittlerer Säkularvariation mit genügender Sicherheit entwerfen kann.[2])

Daraus ergibt sich speziell auch für das Preußische Meteorologische Institut die Notwendigkeit, Säkularstationen in Norddeutschland regelmäßig zu besetzen, um die eben fertig gestellten magnetischen Karten von Norddeutschland evident halten zu können.

---

[1]) Phillips (Report British Assoc. 1850, Transact. S. 14) stellte zuerst den »local isoclinals« die »general isoclinals« gegenüber; Liznar (1898) wandte die Bezeichnung »normale« Linien an. Der Ausdruck »terrestrisch« ist insofern nicht glücklich gewählt, als er an sich nicht verständlich ist, sondern einer Erklärung bedarf. Es hat dagegen für den ersten Augenblick etwas Bestechendes, die Kurven normale zu nennen. Wenn man aber bedenkt, daß ihr Verlauf von der angewandten Ausgleichungsmethode abhängt, sieht man bald ein, daß sie eigentlich einen stark arbiträren Charakter haben. Deshalb habe ich sie oben ideelle Kurven genannt. Man könnte sie auch als generalisierte Kurven bezeichnen.

[2]) Die oft zu weit getriebene Genauigkeit in den Feldmessungen (Deklination und Inklination bis auf Sekunden oder gar Zehntel Sekunden) verzögert und verteuert unnötig magnetische Landesaufnahmen, die schon deshalb in möglichst kurzer Zeit erledigt werden sollten, damit die Reduktion auf die Mitte der Vermessungsperiode sicherer erfolgt.

6. Auf den magnetischen Erd- oder Weltkarten sollte durch die Zeichnung kenntlich gemacht werden, in wieweit der Verlauf der magnetischen Linien durch die Beobachtungen wirklich verbürgt ist. Die Fortführung der Linien bis in die höchsten Breiten ist noch ganz unsicher und könnte auf den für die Schiffahrt bestimmten Karten unterbleiben.

Wenn die oben in (2) erwähnte magnetische Vermessung der Meere beendet sein wird, wäre es an der Zeit, die magnetischen Weltkarten von Grund aus neu zu entwerfen; denn die jetzigen, die in Berücksichtigung der neu hinzugekommenen Beobachtungen und der Säkularvariation immer nur nach den alten konstruiert oder, besser gesagt, fortgeführt werden, entsprechen nicht mehr modernen Anforderungen.

Auch die Weltkarten sollten, soweit wie möglich, die wahren isomagnetischen Linien in großen Zügen wiedergeben.

7. Es wäre erwünscht, wenn über die Methode der Ausgleichung der magnetischen Messungen zur Ableitung der ideellen oder terrestrischen isomagnetischen Kurven eine internationale Verständigung erzielt werden könnte, damit, unbeschadet der nebenhergehenden Anwendung und Erprobung beliebiger anderer Methoden, der genaue Anschluß der Kurven von Land zu Land ermöglicht würde.

8. Bei der Berechnung und Konstruktion theoretischer isomagnetischer Linien nach der Gaußschen Potentialtheorie sollten wirklich beobachtete Werte der Elemente zu Grunde gelegt werden, nicht aber die den stark ausgeglichenen Kurven entnommenen.

ZWEITER TEIL.

Magnetische Karten für die Epochen 1700 bis 1910.

Dieser Teil enthält den speziellen Nachweis der bisher veröffentlichten magnetischen Karten, soweit sie zu meiner Kenntnis gekommen sind. Es steht zu hoffen, daß von den großen und wichtigen Karten keine einzige fehlt, dagegen ist mir möglicherweise die eine oder andere Spezialkarte entgangen, die in schwer zugänglichen Zeitschriften oder in Veröffentlichungen von Marinebehörden erschienen ist. Für die Mitteilung solcher Ergänzungen wäre ich daher sehr dankbar. Karten mit abgeleiteten Kurven, wie Isanomalen u. s. w.. wurden nicht aufgenommen. Desgleichen unterblieb die Angabe der Reproduktionen, außer wenn die Originalkarten so selten sind, daß mit dem Nachweis ihres Wiederabdrucks an einer zugänglicheren Stelle Manchem gedient sein könnte.

Die Karten sind nach Ländern bezw. Land- und Meeresgebieten und innerhalb dieser chronologisch nach der Epoche geordnet. Es kommt öfters vor, daß das Erscheinungsjahr ein erheblich späteres ist als dasjenige, für das sie gelten. Spezielle Störungskarten sind jedesmal ans Ende des betreffenden Landgebietes gestellt worden.

Der Raumersparnis und der Übersichtlichkeit wegen erfolgen die notwendigen Angaben über jede einzelne Karte nach einem Schema, das, wenn vollständig, folgende Gliederung hat:

1. Räumliches Gebiet der Karte.

2. Epoche, für welche die isomagnetischen Linien gelten.

3. Abgekürzte Angabe der magnetischen Elemente, für die Kurven gezeichnet sind. Dabei ist D = Deklination, I = Inklination, H = Horizontalintensität, F = Totalintensität, X = Nordkomponente, Y = Ostkomponente, Z = Vertikalkomponente. Etwaige andere magnetische Kurven, z. B. magnetische Meridiane, magnetischer Äquator, Linien gleicher Säkularvariation u. a. sind ohne Abkürzungen in Worten angegeben.

4. Den in 3 genannten Abkürzungen ist in Klammern das Intervall beigefügt, in dem die Linien gezeichnet sind; so bedeutet z. B. D (1^0), daß die Isogonen im Abstand von 1^0 von einander wiedergegeben sind. Wenn bei den Intensitätsangaben eine andere Einheit zu Grunde liegt als die absolute in C. G. S., ist dies angegeben durch die Abkürzungen G. E. = Gaußische Einheit, E. E. = englische Einheit, w. E. = willkürliche Einheit. Letztere wurde bis gegen 1840 noch ziemlich allgemein gebraucht, obwohl Gauß schon 1833 die Methode der Messung der erdmagnetischen Kraft in absolutem Maße bekannt gegeben hatte, und zwar galt ursprünglich als Einheit die von A. von Humboldt bestimmte Intensität am magnetischen Äquator bei

Cajamarca in Peru, während später bei den Intensitätskarten von Hansteen, Sabine u. A. die Intensität in London zu Grunde gelegt wurde[1]).

5. Der Maßstab der Karte. Da er sehr häufig auf der Karte nicht angegeben ist, habe ich ihn durch Ausmessung berechnet und solche, meist abgerundete Angaben in ( ) gesetzt. Bei Karten in Mercator's Projektion ist der Äquatorial-Maßstab gegeben, sonst gewöhnlich derjenige eines mittleren Breitengrades der Karte.

6. Der genaue Titel des Werkes oder der Abhandlung, in der die magnetische Karte enthalten ist. Häufig führen die in Werken oder Abhandlungen vorkommenden Karten noch besondere Titelüberschriften; diese wurden nicht angeführt. Wohl aber wurde der genaue Titel der selbständig erschienenen magnetischen Karten wiedergegeben und häufig auch deren Größe in Zentimetern hinzugefügt.

Die selbständigen magnetischen Karten (meist Weltkarten) sind teilweise außerordentlich selten geworden, erstens, weil man mit Karten überhaupt nicht sonderlich gut umzugehen pflegt und sodann, weil die Kapitäne die Gewohnheit haben, alte Seekarten zu vernichten, wenn sie durch neue ersetzt werden. Leider scheint diese auf einem Schiff berechtigte Praxis auch auf wissenschaftlichen Ämtern geübt worden zu sein; denn sonst könnten gewisse magnetische Weltkarten nicht so selten geworden sein, wie sie es nach meiner Kenntnis tatsächlich sind. Dahin gehören insbesondere die Halley'schen Karten für 1700, die von Mountaine und Dodson für 1744 und 1756, die Yeates'sche für 1817 und die erste englische Admiralitätskarte für 1858.

7. Bemerkungen über das den Karten zu Grunde liegende Beobachtungsmaterial, über die Natur der Kurven (wahre oder ideelle) u. s. w. Diese Bemerkungen sind durch kleineren Druck kenntlich gemacht. —

Alle nachfolgend beschriebenen magnetischen Karten sind bis auf ganz vereinzelte Ausnahmen von mir selbst gesehen und aufgenommen worden. Hierzu dienten vorzugsweise die Bestände in den Sammlungen des Preußischen Meteorologischen Instituts, der Deutschen Seewarte und meiner eigenen Bibliothek. Auch habe ich gelegentlich bei wissenschaftlichen Reisen einige seltenere Karten kennen gelernt. Ferner hat mir die Verwaltung der Kartenabteilung des British Museum Beschreibungen der Weltkarten für die Epochen 1744, 1756 und 1817 gütigst zukommen lassen.

Eigentliche Vorarbeiten für ein kritisches Verzeichnis magnetischer Karten lagen nicht vor. Ich hoffe aber, daß es noch rechtzeitig gelungen sein wird, einen derartigen Nachweis über die geistige Arbeit zweier Jahrhunderte, die mehr als 300 magnetische Karten und Kartenwerke hervorgebracht haben, hier zu geben, ehe manche von ihnen ganz verschwunden sein werden.

Der wissenschaftliche Wert der alten magnetischen Karten ist allerdings nicht sehr groß und bis vor kurzem entschieden überschätzt worden, wenn man glaubte, aus dem Vergleich

[1]) Bemerkenswert erscheint, daß sich diese willkürliche Einheit in einigen englischen Karten noch bis jetzt erhalten hat, z. B. in den für die Epoche 1905 gültigen Intensitätskarten, welche die letzte (7.) Auflage des „Admiralty Manual for the Deviations of the Compass originally edited in 1862 by F. J. Evans and Archibald Smith" (London 1901. 8⁰) enthält.

der alten mit den neuen Karten die Säkularvariation genau genug ermitteln zu können. Aus dem, was ich oben über die früher zumeist ausgeglichenen Kurven und über die Schwierigkeit in der Bestimmung der Säkularvariation ausgeführt habe, geht dies ohne weiteres hervor. Gleichwohl hat ein Nachweis aller veröffentlichten magnetischen Karten sowohl für die Entwicklungsgeschichte der magnetischen Kartographie großen Wert als auch für die Untersuchungen über den magnetischen Zustand der Erde zu weit zurückliegenden Epochen, wie sie von van Bemmelen, Carlheim-Gyllensköld u. A. ausgeführt worden sind.

I. Die nach Beobachtungen konstruierten Karten.

DIE ERDE UND GRÖSSERE TEILE DER ERDE.

Erde; 1500, 1550, 1600, 1650, 1700; D (5⁰); verschiedene Maßstäbe; W. van Bemmelen, Die Abweichung der Magnetnadel. Beobachtungen, Säcular-Variation, Wert- und Isogonensysteme bis zur Mitte des XVIII[ten] Jahrhunderts. Batavia 1899. Fol. 2 Bl., 109 S., 4 Tafeln (A supplement to vol. XXI of the „Observations of the Royal Magnetical and Meteorological Observatory at Batavia").

Erde; XVI. Jahrhundert; D (2⁰—10⁰); 1:200000000; João de Andrade Corvo, Roteiro de Lisboa a Goa por D. João de Castro. Annotado por —. Lisboa 1882. 8⁰. (Appendice. Linhas isogonicas no seculo XVI, S. 379—428, Taf. XIII).

Erde; 1540, 1580, 1610, 1640, 1665, 1680; D (5⁰); (1:272000000); Willem van Bemmelen, De Isogonen in de XVI[de] en XVII[de] eeuw. Proefschrift, Rijks-Universiteit te Leiden. Utrecht 1893. kl. 4⁰. 3 Bl., 55 S., 1 Tafel.

Erde; 1540, 1580, 1610, 1640, 1665, 1680, 1700, 1730, 1780, 1880; Linien gleicher Säkular-Variation der Deklination; W. van Bemmelen, Die Linien gleicher Säkular-Variation der Declination. gr. 8⁰. 6 S. (S.-A. Kon. Akad. v. Wetenschappen te Amsterdam, Zittingsverslag d. wis- en natuurk. Afd. 1895 Nov.).

Erde; 1600, 1700, 1710, 1720, 1730, 1736, 1744, 1787, 1800; D (5⁰); Maßstäbe verschieden, am größten der für 1787, nämlich (1:40000000); 1600, 1720, 1780; I (5⁰); verschiedene Maßstäbe, am größten (1:40000000) der für 1780; Magnetischer Atlas gehörig zum Magnetismus der Erde von Chr. Hansteen. Christiania 1819. Querfolio 1 Bl., 7 Taf.

Der zugehörige Text in: Christopher Hansteen, Untersuchungen über den Magnetismus der Erde. Übersetzt von P. Treschow Hanson. Erster [einziger] Theil. Christiania 1819. 4⁰. XXX, 502 S., 1 Bl., 148 S., 5 Taf.

Der eingehenden Analyse von Hansteen's Magnetismus der Erde, die E. Sabine im Report of the fifth meeting of the British Association for the Advancement of Science, Dublin 1835 (London 1836. 8⁰. S. 61—90) veröffentlicht hat, sind Reproduktionen der Isogonenkarten für 1600, 1700, 1744, 1787 und der Isoklinenkarten für 1600, 1700, 1780 beigegeben.

Erde; 1600, 1885; D (5⁰); (1:262000000); V. Carlheim-Gyllensköld, Sur la forme analytique de l'attraction magnétique de la terre exprimée en fonction du temps. Stockholm 1896. kl. 4⁰. 36 S., 3 Tafeln.

Erde; 1700; D (1⁰); (1:32300000); *Nova & Accuratiſsima* | *TOTIUS TERRARUM ORBIS* | TABULA NAUTICA | Variationum Magneticarum Index | *Juxta Observationes Anno* 1700 | *habitas Constructa* | per | Edm: Halley. | Der (in Südamerika eingefügte) englische Titel lautet: A New and Correct | *SEA CHART* | of the | WHOLE WORLD | *Shewing the* Variations | of the | *COMPAS.s as they were found* | in the year | M. D. CC. | 1 Bl. 127.5×54 cm.

Eine genaue Beschreibung dieser ersten Weltkarte mit Isogonen findet man in der Einleitung S. 5—10 zu No. 4 der von mir herausgegebenen „Neudrucke von Schriften und Karten über Meteorologie und Erdmagnetismus" (Berlin 1895. 4⁰), wo ein Facsimile der Karte in verkleinertem

Maßstabe gegeben ist. Hier wäre nur noch hinzuzufügen, daß entsprechend den Ausführungen von L. A. Bauer in Terrestrial Magnetism Bd. I S. 28, diese Halley'sche Isogonenkarte wahrscheinlich nicht 1701, sondern erst 1702 erschienen ist, sowie daß außer den von mir a. a. O. S. 10 nachgewiesenen drei Exemplaren der Karte noch ein viertes mir bekannt geworden ist, das sich jetzt in meiner Sammlung befindet. Es hat, wie das Exemplar der Hamburger Stadtbibliothek, unter der Jahreszahl M. D. CC im englischen Titel noch die Firmenunterschrift: *Sold by R. Mount | and T. Page on Great | Tower Hill London.* |

Die Karte hat in England mehrere Ausgaben erlebt und wurde auch in Amsterdam nachgedruckt. Je eine solche holländische Karte befindet sich jetzt im Besitz des Königl. Preußischen Meteorologischen Instituts und in meinem Besitz und trägt den Vermerk „te Amfterdam |by | R. & I. Ottens |". Sie muß nach 1739 erschienen sein, da Entdeckungen im südlichen atlantischen Ozean mit der Jahreszahl 1739 eingetragen sind. Der ursprüngliche Maßstab (ca. 1 : 32 Mill.) ist fast genau eingehalten, die 10°-Meridiane nach Greenwich sind durchgezogen, die Längengrade am oberen und unteren Rande der Karte werden aber nach Ferro gezählt. Die Karte ist ungewöhnlich breit (147 cm), da sie aus drei Streifen zusammengeklebt ist, welche die Längengrade 112—240, 240—35, 35—178 umfassen. Außer den Isogonen sind noch eingetragen Windpfeile (Passate und Monsune), die Segelrouten vom Kanal nach dem Kap der guten Hoffnung, nach Ostindien, Niederländisch Indien und zurück. Die Ländernamen werden meist in französischer Sprache, andere Erläuterungen in französischer und holländischer Sprache gegeben.

Auch das Britische Museum in London besitzt zwei Ausgaben der Halley'schen Karte mit französisch-holländischem Text, erschienen bei R. & I. Ottens in Amsterdam [1735?] und [1740?].

Erde; 1700; D (1°—5°); (1 : 82 000 000); Tab. IX in: Petri van Musschenbroek, Physicae experimentales et geometricae de magnete . . . . dissertationes . . . Lugd. Bat. 1729. 4°. 5 Bl., 685 S., 28 Taf.

Die Halley'sche Karte mit Hinzufügung der Isogonen im Stillen Ozean. Wegen weiterer Reproduktionen der Musschenbroek'schen Karte vgl. S. 21 der Einleitung zu No. 4 meiner „Neudrucke".

Erde; 1744; D (1°); (1 : 33 730 000); Accuratissima Totius Terrarum Orbis Tabula Nautica, Celeberrimo Viro, Edm^d^. Halley. LL. D. Anno 1700, Constructa: Indice Variationes Magneticas denotante ad Observationes circiter Annū 1744, habitas, renovata, Gulielmo Mountaine, et Jacobo Dodson.

Der englische Titel lautet: A Correct Chart of the Terraqueous Globe, According to Mercator's or more properly Wright's Projection; On which are describ'd Lines, shewing the Variation of the Magnetic Needle according to observations made about the Year 1744. Sold by W. Mount and T. Page on Great Tower Hill. London.

Diese Karte, von der sich ein Exemplar im British Museum befindet, scheint seltener zu sein als die Halley'sche Karte für 1700.

Erde; 1744; D (5°); (1 : 130 000 000); Tabula geographica utriusque hemisphaerii terrestris exhibens declinationem acus magneticae pro singulis locis globi terraquei ad A. C. 1744 jussu Acad. Reg. Scient. et el. Litt. Bor. descripta. 1 Bl. 38×19 cm.

Nach der Karte von Mountaine und Dodson auf eine Hemisphärenkarte umgezeichnet.

Erde; 1744; D (1°—5°); (1 : 82 000 000); Tab. XXIX in: P. van Musschenbroek, Institutiones physicae. Lugd. Bat. 1748. 8°. und Tab. LXIV in desselben Verfassers Introductio ad philosophiam naturalem. Lugd. Bat. 1762. 2 vol. 4°.

Die Isogonen im Stillen und im Indischen Ozean weichen etwas ab von denen auf der Karte von Mountaine und Dodson.

Erde; 1744 (u. 1700); D (5°); (1 : 100 000 000); Bouguer, Nouveau traité de navigation, contenant la théorie et la pratique du pilotage. Paris 1753. 4°. XXIV, 442 S., 13 Taf.

Die Isogonen für 1700 (rot) und 1744 (schwarz) sind auf derselben Karte. Bouguer hat die Darstellung von Mountaine und Dodson für 1744 nach seinen eigenen Beobachtungen etwas abgeändert (vgl. S. 315).

Diese Bouguer'sche Karte ist wiedergegeben in: J. B. Scarella, De Magnete libri quatuor . . . . Brixiae 1759. 4°. 2 Bde. (Tab. II).

Erde; 1750; D (1°); besondere Karten für die Nord- und Südhemisphäre im ungefähren Maßstab von 1 : 70 Mill.; Titel und Erläuterungen in holländischer und französischer Sprache; derjenige für die Nordhalbkugel lautet in französischer Sprache: Nouvelle Carte de la Moitié Septentrionale du Globe Terrestre montrant la variation du compas, ou le merveilleux accord enchainé des mouvements reglés et ne jamais cessans du vivant pouvoir magnétique; telles qu'on les a trouvez l'An 1750, tous dans un sens, très exactement joints et unis ensemble dans leurs raisons oposées par multitude d'observations propres et autres, par Nicolas van Ewyk . . . . . a Amsterdam pour l'autheur 1752, avec privilège. 2 Bl. 29×29 cm.

Erde; 1750; D (5^0); (1 : 80000000); Specimen physico-geographicum de theoria declinationis magneticae cujus partem priorem (et posteriorem) consens. ampliss. Facult. Philosoph. in Reg. Academia Upsal. sub praesidio ... Mag. Martini Strömer .... submittit ... Joh. Gust. Zegollström, Ostrogothus ..... D. XII. Febr. Ann. MDCCLV ... Upsaliae. 4^0. 68 S. 1 Tafel. (2 Teile mit besonderen Titelblättern, aber mit durchlaufender Pagination.)

Die Karte führt innerhalb eines zierlichen Medaillons den Titel: Tabula totius orbis terrarum exhibens declinationes magneticas. Composita ad An: 1700 ab Edmundo Halleyo. Nunc vero, secundum recentiores observationes, ad An: 1750 reducta.

Die Halley'schen Linien für 1700 sind gestrichelt eingetragen, die für 1750 in voll ausgezogenen Kurven.

Erde; 1756; D (1^0); (1 : 32740000); Accuratissima Totius Terrarum Orbis Tabula Nautica, Celeberrimo Viro, Edm^d^. Halley. LL.D. Anno 1700. Constructa: Indice Variationes Magneticas denotante ad Observationes circiter Annū 1756 habitas, renovata, Gulielmo Mountaine, et Jacobo Dodson. R. S. Sociis.

Der englische Titel lautet: A Correct Chart of the Terraqueous Globe, According to Mercator's, or more properly Wright's Projection; On which are describ'd Lines, shewing the Variation of the Magnetic Needle, according to observations made about the Year 1756. Sold by W. Mount and T. Page on Great Tower Hill, London.

Dazu ein begleitender Text: An account of the Methods used to describe Lines of Dr. Halley's Chart (London 1758. 4^0. 16 S., Neudruck ibidem 1784).

Diese Karte wurde reproduziert als „Carte des variations de la boussole et des vents généraux que l'on trouve dans les mers les plus frequentés. Dressée au Dépost des Cartes de la Marine ... par le S. Bellin im „Atlas royal politique et militaire. Quatrième partie, qui comprend l'hydrographie françaisc. Tome second. Contenant les cartes pour la navigation de l'Afrique, l'Asie & l'Amérique. Dressé par le sieur R. J. Julien. A Paris 1766."

Erde; 1768; I (5^0); (1 : 70000000); J. C. Wilcke, Försök til en Magnetisk Inclinations-Charta (Kongl. Vetenskaps Acad. Handl. för år 1768, vol. XXIX, Stockholm 1768. 8^0. S. 193—225, Tab. VI).

Die erste Isoklinenkarte für die Erde. Ein Facsimile-Neudruck der Karte in No. 4 meiner „Neudrucke von Schriften und Karten über Meteorologie und Erdmagnetismus" (Berlin 1895. 4^0. Taf. 3).

Eine fast getreue Kopie der Karte, aber nicht „avec des modifications considérables", wie Becquerel, Traité S. 388 meint, findet man in Le Monnier, Loix du magnétisme. T. I. Paris 1776. 8^0.

Erde; 1770; D (5^0); (1 : 200000000); J. H. Lambert, Erklärung der magnetischen Abweichungscharte. (Astronom. Jahrbuch oder Ephemeriden für das Jahr 1779. Berlin 1777. 8^0. S. 145—149, Taf. III).

Erste Karte, die den Verlauf der Isogonen auf dem Festland wiedergibt.

Erde; 1773 und 1821; Magnetischer Aequator; (1 : 70900000); Louis de Freycinet, Voyage autour du monde .... exécuté sur les corvettes de S. M. l'Uranie et la Physicienne, pendant les années 1817, 1818, 1819 et 1820. Magnétisme terrestre. Paris 1842. 4^0. VIII, 342 S., 1 Taf.

Erde; 1778; Magnetischer Aequator; (1 : 140000000); Le Monnier, Loix du magnétisme. Seconde partie, qui contient les nouvelles recherches sur la situation géographique de l'équateur & des pôles de l'aimant, avec l'art de construire les boussoles. Paris 1778. 8^0. XVI, 40 S., 2 Taf.

Erde; 1780; I (5^0); (1 : 40000000); Chr. Hansteen, Magnetischer Atlas .... 1819, Tab. VII; vgl. oben: 1600, 1700 etc.

Eine neue vom Verf. verbesserte Ausgabe dieser Karte im Maßstabe 1 : 150000000 findet man auf Taf. IV von Gilbert's Annal. d. Phys. Bd. 71, Leipzig 1822.

Erde; 1787; D (5^0); (1 : 40000000); Chr. Hansteen, Magnetischer Atlas .... 1819, Tab. VI; vgl. oben: 1600, 1700 etc.

Erde; 1800; D (1—5^0); (1 : 46000000); Christianus Amadeus Kratzenstein, Tentamen resolvendi problema geographico-magneticum a perillustri Academia Imperiali Petropolitana in annum 1793 propositum. Petropoli 1798. 4^0. 43 S., 2 Tafeln.

Beigegeben ist eine Karte, welche die Verteilung der zur Konstruktion der Isogonen benützten Beobachtungen erkennen läßt. Ihre Zahl ist auf dem Festland ungewöhnlich klein. Die eigentliche Isogonenkarte mißt 91×65 cm. Es gibt auch eine Ausgabe in russischer Sprache.

Erde; „Zwischen 1810 und 1830"; D (1^0); (1 : 100000000); Christopher Hansteen, Den magnetiske Inclinations Forandring i den nordlige tempererte Zone. Kjöbenhavn 1855. 4^0. 71 S., 1 Taf. (Kong. Danske Videnskabernes Selskabs Skrifter, 5. Raekke, naturv. og math. Afdeling, 4 de Bind).

Der magnetische Aequator für 1780 und für 1827 ist eingetragen. Dieselbe Karte in verkleinertem Maßstab findet sich in Ch. Hansteen, Das magnetische System der Erde (Peters' Zeitschr. f. popul. Mitth. Bd. I, 1859).

Erde; 1817; D (1⁰); (1 : 33730000); Chart of the Variation of the Magnetic Needle, For all the known Seas comprehended within Sixty Degrees of Latitude North and South: with a New and Accurate Delineation of the Magnetic Meridians, accompanied with suitable Remarks and Illustrations by Thomas Yeates. Drawn and Engraved by J. Walker. Published as the Act directs by Thos. Yeates 22d. Augt. 1817 & Sold by Black, Parbury & Allen, Leadenhall Street.

Nordhemisphäre um den Atlantischen Ozean; ca. 1820; F (0.1 w. E.); Chr. Hansteen, Nogle tillaeg til Afhandlingen om magnetiske intensitets-iagttagelser (Magaz. f. Naturvidenskaberne VI, 1825, S. 282—301; deutsch mit Zusätzen des Verf.: Poggend. Annal. VI, 1826, S. 309—330, Taf. III).

Erde; 1821; Magnetischer Aequator; vgl. oben 1773 und 1821.

Erde; ca. 1825; F (0.1 w. E.); (1 : 150000000); Chr. Hansteen, Isodynamiske linien for den hele magnetiske Kraft (Magaz. f. Naturvidenskaberne VII, 1826, S. 76—111; deutsch in Poggend. Annal. IX, 1827, S. 49—66, 229—244, Taf. IV).

Die erste Isodynamenkarte für fast die ganze Erde; reproduziert in No. 4 meiner „Neudrucke".

Da diese Karte kleinen Maßstabes nur von 42⁰ N. Br. bis 50⁰ S. Br. reicht, gibt der Verf. für das Gebiet des nördlichen Atlantischen Ozeans und seiner Randgebiete eine Isodynamenkarte größeren Maßstabes 1 : 72000000 (Taf. III in Poggend. Annal. IX.)

Nordhemisphäre; ca. 1825; F (w. E.); Edward Sabine, On M. Hansteen's recent magnetic observations in Siberia (Quart. Journ. Sci. II, 1829, S. 1—14 u. französ. Auszug in Bibl. univers., Sci. et Arts, T. XLIII, 1829).

Erde; ca. 1825; Magnetischer Aequator; (1 : 58000000); L. J. Duperrey, Notice sur la Configuration de l'équateur magnétique, conclue des observations faites dans la campagne de la corvette la Coquille. (Annal. de chimie et de physique XL, 1830, S. 371—386; deutsch mit der Karte in verkleinertem Maßstabe in Poggend. Annal. XXI, 1831, Taf. II).

Die Originalkarte ist aus dem Reisewerk der »Coquille« entnommen; vgl. den folgenden Artikel.

Erde; 1825—1830; F (0.1 w. E.); Magnetische Meridian- und Parallelkreise, Magnetischer Aequator; Maßstab wechselnd: (ca. 1 : 57 bis 126 Mill.); L. J. Duperrey, Voyage autour du monde, exécuté par ordre du Roi, sur la corvette de Sa Majesté, La Coquille, pendant les années 1822, 1823, 1824 et 1825 .... Physique. Paris 1830. 4⁰. 1 Bl., 294 S., 7 Tafeln.

Tafel F gibt eine Hemisphärenkarte, die beide magnetische Pole enthält. Dieselben Karten in größerem Maßstabe (1 : 52 Mill.), je 1 Bl. 92.5×46 cm und 88.5×59 cm, findet man in dem zugehörigen Atlas, der selten ist.

Die Karten sind z. T. später gezeichnet und veröffentlicht worden, als das Titelblatt mit der Jahreszahl 1830 des in Lieferungen erschienenen Werkes vermuten läßt, so die der Isodynamen 1832 (»Dressé par L. J. Duperrey en 1832« steht links unten auf Planche A), die der magnetischen Meridiane nach Becquerel sogar erst 1836.

Da das Original nicht leicht zugänglich ist, verweise ich bei diesen Karten auch auf die Reproduktionen in der ersten und zweiten Aufl. von Berghaus' Physikalischem Atlas (IV. Abt., Gotha 1837—1839 bez. Gotha 1851) und in dem zu Becquerel's Traité de l'électricité et du magnétisme gehörigen Atlas (Paris 1840. Fol. Pl. XVII u. XVIII).

Erde (30⁰ N. Br. — 30⁰ S. Br., 0—180⁰ W. L.); 1827 (und 1780); I (10⁰); (1 : 110000000); Horner beim Artikel „Tellurischer Magnetismus" in Gehler's Physikal. Wörterbuch, 2. Aufl., Bd. VI, Abt. 2 (Taf. XXIV zu Bd. VI).

Erde; 1829; D (5⁰), I (5⁰), F (0.05 w. E.); (1 : 106000000); G. A. Erman, Ueber die Gestalt der isogonischen, isoklinischen und isodynamischen Linien im Jahre 1829, und die Anwendbarkeit dieser eingebildeten Curven für die Theorie des Erdmagnetismus (Poggend. Annal. XXI, 1831, S. 119—150, Taf. II).

Nach Beobachtungen an 310 Orten auf einer wissenschaftlichen Reise um die Erde in den Jahren 1828—1830.

A. v. Humboldt erwähnt (Kosmos IV, S. 68) eine »auf Erman's Beobachtungen gegründete allgemeine Deklinations-Karte im Report of the Committee relat. to the arctic Expedition 1840 Pl. III«, die ich nicht habe ermitteln können.

Erde; 1829; D (1⁰), I (10⁰); (1 : 72300000 bezw. für I 1 : 115000000); Chr. Hansteen, Fragmentarische Bemerkungen über die Veränderungen des Erdmagnetismus, besonders seiner täglichen regelmäßigen Variationen (Poggend. Annal. XXI, 1831, S. 361—430, Taf. V.

Die Isogonenkarte umfaßt nur 0—80° N. Br. und 0—200 östl. Lge. von Ferro, die Isoklinenkarte reicht nur von 30° N. Br. bis 30° S. Br. und enthält auch die Isoklinen für 1780.

Erde; ca. 1830; F(0.1 w. E.); (1:94300000); Chr. Hansteen, Om jordens magnetiske intensitetssystem (Magaz. f. Naturvidenskaberne XI, S. 1—17, Taf. I u. II, Christiania 1833. 8°); schon vorher deutsch: Ueber die magnetische Intensität der Erde (Astronom. Nachr. No. 209, Juli 1831 (Bd. IX), Sp. 303—312); und später nochmals: Ueber das magnetische Intensitätssystem der Erde (Poggend. Annal. XXVIII, 1833, S. 473—480, 578—586).

Im norwegischen Original ist eine Intensitätskarte der nördl. Polarregion beigefügt.

Europa-Asien; 1825—1832; F(0.1 G.E.), I (1°), D (1°); verschiedene Maßstäbe; Christoph Hansteen und Due, Resultate magnetischer, astronomischer und meteorologischer Beobachtungen auf einer Reise nach dem östlichen Sibirien in den Jahren 1828—1830. Gleichzeitige Beobachtungen v. Dr. Erman nach Kamtschatka, v. Georg Fuß nach Pekin, und v. Baron Ferd. Wrangel und Lieut. Anjou in dem nordöstl. Sibirien und auf dem Eismeere in den Jahren 1821—1823 beigefügt. Anhang, enthaltend magnetische Beobachtungen auf verschiedenen Land- und Seereisen von dem Verfasser und seinen Landsleuten. Herausgegeben von der Gesellschaft der Wissenschaften zu Christiania. Christiania 1863. 4°. 1 Bl., X S., 1 Bl., 189 S., 4 Tafeln.

Erde; 1827—1831; D (5°); (1:116000000); Adolph Erman, Karte für die in den Jahren 1827—1831 beobachteten Werte der Declination. In: Berghaus' Physikal. Atlas. Gotha 1845. Fol. 4te Abt., Magnetismus No. 5.

Die Karte ist 1841 gestochen und wird auch wiederholt in der zweiten Auflage des Physikal. Atlas (IV. Abt. Gotha 1851), der in erdmagnetischer Beziehung kaum eine Verbesserung gegenüber der ersten Auflage bringt.

Erde; 1832; Magnetischer Aequator; (1:38000000); C. A. Morlet, Sur la détermination de l'Équateur magnétique, et sur les changemens qui sont survenus dans le cours de cette courbe depuis 1776 jusqu'à nos jours (Mém. Savans Étrang. Paris III, 1832, S. 132—183, 1 Taf.)

Erde; 1833; D (1°); (1:44500000); Peter Barlow, On the present situation of the magnetic lines of equal variation and their changes on the terrestrial surface. London 1833. 4°. (Philos. Trans. of the R. Soc. of London, 1833, S. 667—673, 2 Tafeln).

Die Hauptkarte (93.5 × 38 cm), die wegen der Einfügung des Titels in den Erdteil Afrika an die Halley'sche erinnert, reicht von 60° N. bis 55° S. Br., während eine zweite Karte den Verlauf der Isogonen in den Polarregionen zeigt.

Erde; 1837; F (0.1 w. E.); (1:70000000); Edward Sabine, Report on the variations of the magnetic intensity observed at different points of the earth's surface. London 1838. 8°. 1 Bl., 85 S., 1 Bl., 5 Tafeln. (S. A. Seventh Report of the British Association for the Advancement of Science.)

Die erste Karte in Mercators Projektion reicht von 60° N. Br. bis 60° S. Br.; die zweite ist eine Nordpolarkarte mit Isodynamen, die dritte zeigt auf der westl. und östl. Hemisphäre die Verteilung der magnetischen Kraft durch Schraffen und Isodynamen.

Erde; 1840; D(5°), I(5°—10°), F (0.1 w. E.); (1:165000000); Edward Sabine auf Tafel 23 von Al. Keith Johnston, The Physical Atlas of Natural Phenomena. A new and enlarged edition. Edinburgh & London 1856. gr. Fol.

Antarktik (Süd Victoria); 1840/41; I (5°), F(0.1 w. E.), D(10°); (1:17100000); Edward Sabine, Contributions to Terrestrial Magnetism, No. V (Philos. Trans. R. Soc. London, pt. II, 1843, S. 145—231, 3 Tafeln).

Kartographische Darstellung der Beobachtungen von James Clark Ross.

Analoge Karten von dem größeren Gebiet zwischen 140 und 290° E. Lge. v. Greenw. gibt Sabine in No. VI seiner »Contributions« (Philos. Trans. 1844, S. 87—224, pl. IX—XIII).

Nordhalbkugel, 0—40° Br.; 1842; D(5°), I(5°), F (1.0 E. E.); (1:40000000); Edward Sabine, Contributions to Terrestrial Magnetism, No. XIV (Philos. Trans., vol. 165, pt. 1, 1875, S. 161—203, pl. 26—28).

Nordhalbkugel (Arktik), 35—90° Br.; 1842; D (5°), I (5°), F (1.0 E. E.); (1:23000000); Edward Sabine, Contributions to Terrestrial Magnestism, No. XIII (Philos. Trans. 1872, S. 353—433, pl. XLVIII—XL).

Südhalbkugel(Antarktik), 30–90⁰Br.; 1842; D(5⁰), I(5⁰), F(1.0 E. E.); (1:23000000); Edward Sabine, Contributions to Terrestrial Magetism, No. XI (Philos. Trans. 1868, S. 371—416, pl. XXII—XXIII).

Südhalbkugel, 0—40⁰ Br.; 1842; D(5⁰), I(5⁰), F(1.0 E. E.); (1:40000000); Edward Sabine, Contributions to Terrestrial Magnetism, No. XV (Philos. Trans., vol. 167, pt. 2, 1877, S. 461—508, pl. 17—19).

Die vorgehenden innerhalb 10 Jahren (1868—77) erschienenen vier Kartenwerke enthalten das System der isomagnetischen Linien für die ganze Erde und die Epoche 1842.

Südhemisphäre (20⁰—70⁰ S. Br., 0—125⁰ E. Lge. v. Gr.); ca. 1845; D (5⁰), I (5⁰), F (0.1 w. E); (1:17100000); Edward Sabine, Contributions to Terrestrial Magnetism, No. VIII (Philos. Trans. 1846, S. 337—440, pl. XVIII—XX).

Erde (30⁰ N. — 30⁰ S. Br.); 1853; Magnetischer Aequator; (1:76 800 000); Voyage autour du monde sur la frégate suédoise l'Eugénie exécuté pendant les années 1851—1853 .... Observations scientifiques ... Troisième partie. Physique: Stockholm 1858—1874. 4⁰. 155 S., 2 Bl., 77 S., 1 Taf.

Die Berechnung und Diskussion der magnetischen Beobachtungen rührt von And. Jon. Ångström her.

Erde; 1857; (1:56000000); L. J. Duperrey, Carte générale des méridiens et des parallèles magnétiques du globe terrestre. Paris, Ministère de la Marine 1857. 1 Bl. gr. Fol.

Neben dieser Karte in Mercatorprojektion erschien auch eine Ausgabe in Polarprojektion. Es scheinen dies die einzigen von der französischen Marine herausgegebenen magnetischen Karten zu sein (Nr. 1729 und 1730 des amtlichen Kartenverzeichnisses).

Erde; 1858; D (1⁰); (1:48 400 000); Frederick J. Evans, Chart of the Curves of Equal Magnetic variation, 1858. London. Published at the Admiralty, 1st Jany 1859 ... Sold by J. D. Potter. 1 Bl. 98 × 62 cm.

Ein Karton (rechts unten) gibt die Linien gleicher jährlicher Änderung der Deklination.

Es ist dies die erste von der englischen Admiralität herausgegebene Isogonenkarte.

Erde; 1858; D (1⁰); (1:48400000); Carta de las curvas de variaciones magneticas correspondientes al año de 1858, segun la publicada por el Deposito Hidrografico de Londres en 1859. Madrid 1862.

Eine Kopie der englischen Admiralitätskarte für 1858 mit spanischem Text und Längenzählung von San Fernando.

Erde; 1858; D (5⁰); (1:67 000 000); Tableau synoptique et abrégé du système magnétique terrestre ou résumé des observations recueillies à la surface de la terre dans différentes contrées pour déterminer les diverses variations de l'aiguille aimantée sur tous les points du globe. 1 Bl. 72 × 38 cm.

Karte aus dem Atlas sphéroidal & universel de géographie dressé par F. A. Garnier, Paris 1860.

Die Isogonen sind nicht ganz identisch mit den von Evans für dieselbe Epoche gezeichneten.

Eingetragen sind auch die magnetischen Meridiane, und in Kartons sind Kärtchen der Isoklinen und Isodynamen gegeben.

Erde; 1859; D (5⁰); (ca. 1:40000000); Chart of the lines of equal magnetic declination in the North Polar Regions and in the Atlantic and Indian Oceans. Epoch 1859. — Chart of the lines of equal magnetic declination in the South Polar Regions and in the Pacific Ocean. Epoch 1859. London (1860?). 2 Bl. zu 62.5 × 62 cm.

Diese beiden Karten in einer eigenartigen Projektion (»geometrical projection of two thirds of the Sphere«) befinden sich in dem bei E. Stanford in London erschienenen Atlas by Sir Colonel Henry James, dem Vorsteher der Ordnance Survey, der in derselben Projektion auch eine Isothermenkarte in seinen »Instructions for taking meteorological observations« (London 1861. 8⁰.) veröffentlichte.

Die Karten haben den Vermerk »Taken from the Admiralty Charts and completed by Mr. F. J. Evans of the Hydrographical Department according to the theory of Gauss«.

Erde; 1859; Isanomalen und Säkularvariation von D, I, H und F; (1:194000000); Alexis de Tillo, Atlas des isanomales et des variations séculaires du magnétisme terrestre. St. Pétersbourg 1895. 4⁰. 1 Bl., 3 S., 8 Tafeln.

Erde; 1860; D (2½⁰), I (5⁰—10⁰), H (0.1 w. E.); (1:205000000); Admiralty Manual for ascertaining and applying the deviations of the compass caused by the iron in a ship. Edited by F. J. Evans and Archibald Smith. London 1862. 8⁰. VII, 108 S., 5 Tafeln.

Die zahlreichen späteren Angaben dieses Werkes enthalten ähnliche Kärtchen für entsprechend spätere Epochen, z. B. die 5. Aufl. (London 1882) für 1882, die 6. Ausg., revidiert von E. W. Creak (London 1895) für 1895, die 7. Aufl. (1901) für 1905 (D, I, H, Z).

Alle diese Kärtchen, die sich auch in den zahlreichen Uebersetzungen des Werkes in deutscher, italienischer, spanischer und russischer Sprache finden, können aber kaum als Originalkarten angesehen werden.

Erde; 1871; D (1°); (1:48400000); Curves of equal magnetic variation, 1871 .... By F. J. Evans and E. W. Creak. London. Published at the Admiralty Novr. 1st, 1871... 1 Bl. 98 × 44 cm.

Die zweite von der englischen Admiralität herausgegebene Isogonenkarte.

Oben links und rechts Isogonenkarten der Polarregionen bis 60° Br. im Maßstab 1:40 Mill.; in der Mitte eine kleine Karte (1:200 Mill.) mit Linien gleicher Säkularvariation der Deklination.

Den hier gegebenen Typus haben die späteren englischen Isogonenkarten beibehalten.

Vielleicht ist auch von dieser Isogonenkarte durch das Deposito Hidrografico in Madrid eine spanische Ausgabe besorgt worden, wie von denen für 1858 und 1880.

Erde; 1871; D (1°); (1:48400000); Curves of equal magnetic variation, 1871 ..... By F. J. Evans and E. W. Creak. London. Published at the Admiralty Novr. 1st, 1871.... Corrections Jan. 75.

Neue Ausgabe der vorigen Karte mit Korrektionen.

Erde; 1878; D (5°); (ca.: 1:210000000); Hemisphären mit den magnetischen Meridianen und Isogonen, sowie solche mit Isodynamen (E. E.); F. J. Evans, The magnetism of the earth. A lecture on the distribution and direction of the earths magnetic force at the present time: the changes in its elements, and our knowledge of the causes. London 1878. 8°. 31 S., 3 Taf. (S.-A. Proc. R. Geogr. Soc. XXII, 1878).

Taf. II enthält für die Nord- und Südhemisphäre (in kleinem Maßstabe) magnetische Meridiane und Isoklinen für 1878, und Taf. III zeigt in der zuerst von Duperrey gewählten Hemisphärendarstellung die Linien gleicher Intensität.

Erde; 1880; D (1°); (1:48400000); Curves of equal magnetic variation, 1880.... By E. W. Creak ... London. Published at the Admiralty, 11th Oct^r, 1880 .... 1 Bl. 98 × 44 cm.

Die dritte von der englischen Admiralität herausgegebene Isogonenkarte, genau in der Anordnung wie die von 1871.

Auch von dieser Karte gibt es spätere, korrigierte Ausgaben, z. B. »Corrected from observations made during 1880—90, reduced to the epoch 1880« oder »Corrections XII. 81 XI. 85«.

Erde; 1880, 0; D (1°), I (1°), H (0.1 E. E.), Z (0.2 E. E.); (1:82400000); Report on the Scientific Results of the Voyage of H. M. S. Challenger during the years 1873—76 ... Physics and Chemistry. Vol. II. Part VI. Report on the magnetical results by Staff-Commander E. W. Creak. London 1889. 4°. 2 Bl., 18 S., 5 Tafeln.

Die Karten für D und I sind reproduziert in: Henry Wilde, Ueber die Ursachen der Phänomene des Erdmagnetismus, sowie über einen elektromagnetischen Apparat zur Darstellung der säcularen Veränderungen in seinen horizontalen und verticalen Componenten. (London 1890). 4°. 1 Bl., 39, 43 S., 3 Tafeln. Text in engl. u. deutscher Sprache.

Vgl. auch desselben Verfassers Arbeit: On the influence of the configuration and direction of coast lines upon the rate and range of the secular magnetic declination (Mem. a. Proc. Manchester Lit. & Phil. Soc., 4th series, vol. VIII, S. 181—186, pl. X).

Erde; 1880; D (1°); (1:48400000): Carta de la curvas de igual variacion magnética correspondiente al año 1880 segun la publicada por el Almirantazgo Inglés el año 1880. Direccion de Hidrografia. Madrid, 1882. 1 Bl. 95 × 43.5 cm.

Eine Kopie der englischen Admiralitätskarte für 1880 in spanischer Sprache und mit Längenzählung von San Fernando.

Erde; 1880, 0; D (1°); (1:110000000); Linien gleicher magnetischer Variation (Deklination) 1880, 0. Herausgegeben von der Deutschen Seewarte, Abt. II.

1880,0; I (5°—10°); (1:110000000); Linien gleicher magnetischer Inklination 1880,0. Herausgegeben von der Deutschen Seewarte, Abt. II.

1880, 0; H (0.2 G. E); (1:110000000); Linien gleicher magnetischer Horizontal-Intensität nach Gauss'schen Einheiten 1880, 0. Herausgegeben von der Deutschen Seewarte, Abt. II.

Diese 3 Karten erschienen in den Annalen d. Hydrographie u. marit. Meteorol. 1880 (Text S. 337—345) und auch gesondert bei L. Friederichsen & Co. in Hamburg; 3 Bl. 38 × 24 cm. Entworfen wurden sie von G. Neumayer.

Erde; 1880, 0; D (5°); (1:111300000); Alexis von Tillo, Karte mit Linien gleicher magnetischer Declination für die Epoche 1880,0 entworfen von .... Mit dem Zwecke, den Unterschied zwischen den Isogonen-Karten für das Jahr 1880, 0 der Deutschen Seewarte und der Englischen Admiralität zu veranschaulichen. Leipzig, G. Haessel 1881. 1 doppelt gefaltetes Blatt von 40 × 31 cm. (Titel und Text in deutscher und französischer Sprache).

Erde; 1880; F (0.2 G. E.); (1 : 60000000); Isodynamen und Werthe des magnetischen Potentials für 1880. Gauss'sche (metrische) Einheit. O. O. u. J. Nord- und Südhemisphäre in stereographischer Projektion, je 34.5 × 35 cm.

Verfasser dieser nur in kleiner Auflage hergestellten Karte, in der die Stationen der internationalen Polarforschung 1882/83 eingetragen sind, ist G. Neumayer. Die Karte in verkleinertem Maßstabe befindet sich in den Verhandl. des III. Deutschen Geographentages, S. 111—120, Taf. 1 und in G. v. Neumayer, Auf zum Südpol! Berlin 1901. 8°. Taf. II.

Nord-Europa und Asien (50°—80° Br.); 1880; H (0.2); (1 : 60000000); Al. von Tillo, Magnetische Horizontal-Intensität in Nord-Sibirien. St. Petersburg 1886. 4°. 1 Bl., 8 S., 1 Karte (Repert. f. Meteorologie, Bd. X, No. 7).

Erde; 1882; D (1°); (1 : 86000000); Magnetic variation chart for the year 1882. Published Dec. 1882 at the Hydrographic Office, Washington, D. C. 1 Bl. 48 × 25 cm.

Erde; 1882; D (5°), I (10°), H (0.1); (1 : 280000000); Balfour Stewart, Terrestrial Magnetism (Encyclopaedia Britannica).

Erde; 1885,0; D (1°); (1 : 110000000); Linien gleicher magnetischer Variation (Deklination) 1885, 0. Herausgegeben von der Deutschen Seewarte, Abt. II.

1885,0; I (5°); (1 : 110000000); Linien gleicher magnetischer Inklination 1885,0. Herausgegeben von der Deutschen Seewarte, Abt. II.

1885,0; H (0.2 G. E.); (1 : 110000000); Linien gleicher magnetischer Horizontal-Intensität nach Gauss'schen Einheiten 1885,0. Herausgegeben von der Deutschen Seewarte, Abt. II.

Je 1 Bl. 38 × 24.5 cm.

Entworfen von Dr. G. Neumayer. Hamburg, L. Friederichsen & Co. 1889. Auf einem 4. Kärtchen (Aeq.-Maßst. 1 : 200 Mill.) ist der Betrag der Säkularvariation der Deklination in Ziffern eingetragen.

Diese auch gesondert ausgegebenen Karten erschienen zuerst in »Deutsche Seewarte. Der Kompass an Bord. Ein Handbuch für Führer von eisernen Schiffen. Herausg. von der Direktion« (Hamburg 1889. 8°. X S., 1 Bl., 172, XXIII S., 7 Tafeln). Auf Taf. V befindet sich noch: »Welt-Karte in orthographischer Horizontal-Projection. Linien gleicher magnetischer Total-Intensität (Isodynamen) für 1885, 0. Entworfen von Dr. G. Neumayer. In C. G. S. Einheiten.«

Erde; 1885,0; D (1°); Magnet. Meridiankurven und Gleichgewichtslinien (V/R) in C. G. S., I (5°), H (0.01); 1 : 100000000; G. Neumayer, Atlas des Erdmagnetismus (Berghaus' Physikalischer Atlas, Abteilung IV). Gotha 1891. Fol. 20 S. Text u. 5 Doppeltafeln.

Am unteren Rand der ersten vier Karten befinden sich zahlreiche Nebenkarten kleinen Maßstabes: Isogonen in den Polargebieten, Säkularänderung der magn. Deklination von 1870—1890, Isodynamen der Totalintensität, Isoklinen und Isodynamen in den Polargebieten u. s. w., während die Tafel V vier Isogonenkarten für die Epochen 1600, 1700, 1800 und 1858 enthält.

Erde; 1885,0; X (0.05), Y (0.02), Z (0.05); drei Weltkarten im Aequat.-Maßst. 1 : 200000000 und 3 Planigloben im Maßst. 1 : 100000000; Ad. Schmidt, Bemerkungen zur Karte der Linien gleicher Werte der erdmagnetischen Kraftkomponenten. 4°. 5 S., 1 Taf. (S.-A. Petermann's Geogr. Mitt. 1898, Heft VII).

Erde; 1890,0; D (1°); (1 : 80000000); Linien gleicher magnetischer Deklination für 1890, 0. Entworfen von Dr. G. Neumayer. Herausgegeben vom Reichsmarine-Amt 1891. In Kommission bei D. Reimer. 1 Bl. 58.5 × 31 cm.

Vgl. Ann. d. Hydrographie u. marit. Met. 1892, S. 40.

Erde; 1890; D (1°); (1 : 80000000); Carta de la curvas de igual variación magnética correspondiente al año 1890 segun los datos mas recientes. Direccion de Hidrografia. Madrid 1892. 1 Bl. 58 × 31 cm.

Reicht von 80° N. Br. bis 60° S. Br. und ist anscheinend eine Kopie der Neumayer'schen Karte für dieselbe Epoche, während früher (1858—1880) von der englischen Admiralitätskarte spanische Ausgaben in Madrid besorgt wurden.

Erde; 1895,0; D (1°); 1 : 72000000; Welt-Karte der Linien gleicher magnetischer Deklination für 1895, 0. Entworfen von Dr. G. Neumayer. 1 Bl. 65.5 × 35 cm; ohne Angabe des Verlags.

Die Karte (in Mercators Projektion) reicht von 75° N. Br. bis 75° S. Br. und enthält beide magnetische Pole. An den eingetragenen Orten sind oder waren magnetische Observatorien.

Erde; 1895,0; D(1°); (1:80000000); Linien gleicher magnetischer Deklination für 1895,0 von Dr. G. Neumayer. Deutsche Seewarte, Hamburg. 1 Bl. 57.5 × 32 cm.

Nur in kleiner Auflage hergestellt und von der Deutschen Seewarte verteilt.

Erde; 1895,0; D(1°); (1:80000000); Linien gleicher magnetischer Deklination für 1895,0. Entworfen von Dr. G. Neumayer. Herausgegeben vom Reichsmarine-Amt, 1895. Berlin, D. Reimer. 1 Bl. 58 × 31 cm.

Erde; 1895,0; I(5°); (1:80000000); Linien gleicher magnetischer Inklination für 1895,0. Entworfen von Dr. G. Neumayer. Herausgegeben vom Reichsmarine-Amt, 1900. Berlin, D. Reimer. 1 Bl. 58 × 31 cm.

Erde; 1895,0; H (0.1 G.E.); (1:80000000); Linien gleicher magnetischer Horizontal-Intensität (Gauß'sche Einheiten), für 1895,0. Entworfen von Dr. G. Neumayer. Herausgegeben vom Reichsmarine-Amt, 1900. Berlin, D. Reimer. 1 Bl. 58 × 31 cm.

Erde; 1895,0; D(1°); (1:80000000); Linien gleicher magnetischer Deklination (Isogonen) für 1895,0. Nach Dr. G. Neumayer's Entwurf.

1895,0; I(5°); (1:80000000); Linien gleicher magnetischer Inklination (Isoclinen) für 1895,0. Nach Dr. G. Neumayer's Entwurf.

1895,0; H (0.2 G. E.); (1:80000000); Linien gleicher magnetischer Horizontalintensität (Isodynamen) in Gauß-Einheiten. 1895,0. Nach Dr. G. Neumayer's Entwurf.

Diese 3 Karten befinden sich in der 2. und 3. Auflage des »Leitfaden für den Unterricht in der Navigation« (Berlin 1897 und 1901. 8°) und sind von den vorhergehenden etwas verschieden.

Erde; 1895; D(1°); (1:48400000); Curves of equal magnetic variation, 1895 . . . By E. W. Creak and J. Henderson . . . London. Published at the Admiralty, May 6th, 1892 . . . . 1 Bl. 97 × 44.5 cm.

Die vierte von der englischen Admiralität herausgegebene Isogonenkarte, genau in der Anordnung wie die von 1871 und 1880.

Auch von dieser Karte gibt es spätere korrigierte Ausgaben, z. B. mit dem Zusatz: »Large corrections Decr. 1895, Jany. 1896, July 1898« und »Large corrections Decr. 1895, Jany. 1896, July 1898, Novr. 1900«.

Erde; 1897; D(1°), I(1°); (1:87000000); The magnetic variation and dip for the year 1897. U. S. Department of the Navy, Bureau of Navigation. Published at Washington, D. C., Mar., 1897.

Konstruiert von G. W. Littlehales. Reicht von 71° N. Br. bis 65° S. Br.

Erde; 1900; D(1°), I(1°); (1:38000000); The magnetic variation and dip for the year 1900. U. S. Department of the Navy, Bureau of Navigation. Published at Washington, D. C. Jan'y. 1898. 1 Bl. 115 × 58 cm.

Konstruiert von G. W. Littlehales. Reicht von 71° N. Br. bis 65° S. Br.

Erde; 1900; H (0.01); (1:38000000); The horizontal intensity of the earth's magnetic force for the year 1900 expressed in centimetre-gramme-second units. U. S. Department of the Navy, Bureau of Navigation, published at Washington, D. C., Mar., 1898. 1 Bl. 115 × 58.5 cm.

Konstruiert von G W. Littlehales.

Erde; 1900,0; D(1°); 1895; I(5°); 1895; H(0.2 G. E.); (1:100000000); Nautische Tafelsammlung von F. Bolte. Nebst vier magnetischen Karten, entworfen von G. Neumayer, Hamburg 1899. gr. 8°. 2 Bl., 162 S., 4 Taf. Je ein Blatt 42 × 24 cm.

Die vierte Karte (kleineren Maßstabes, ca. 1:192000000) veranschaulicht den Betrag der jährlichen Säkularvariation der Deklination für die Periode 1890—1900.

Erde; 1900,0; D (1°); (1 : 80000000); Linien gleicher magnetischer Deklination für 1900, 0. Entworfen von Dr. G. Neumayer. Herausgegeben vom Reichs-Marine-Amt, 1900. Berlin, D. Reimer. 1 Bl. 58 × 31 cm.

Erde; 1902,0; D (1°); (1 : 113000000); Breusing's Nautische Tafeln. Im Verein mit O. Fulst u. H. Meldau neu zusammengestellt u. herausg. von C. Schilling. Nebst vier magnetischen Karten entworfen von G. von Neumayer. Siebente Auflage. Leipzig 1902. 8°.

Die 2. und 3. Karte geben die Linien gleicher Inklination und Horizontalintensität für die Epoche 1895, und auf der vierten ist der Betrag der jährlichen Säkularvariation der Deklination in dem Zeitraum 1890—1902 eingetragen.

Magnetischer Südpol; 1903; D (10°), I (1°); (1 : 100 000 000); National Antarctic Expedition 1901—1904. Physical observations with discussions by various authors. Prepared under the superintendence of the Royal Society. London 1908. 4°. V, 192 S., 20 Taf., 1 Karte. (S. 133—157: Reduction of the absolute and relative magnetic observations, by Commander L. W. P. Chetwynd, R. N.; die beiden Karten der Isogonen und Isoklinen auf Taf. 17 und 19.)

Erde; 1905,0; D (1°); Linien gleicher magnetischer Deklination für 1905,0.

1905,0; I (5°); Linien gleicher magnetischer Inklination für 1905,0.

1905,0; H (0.1 G. E.); Linien gleicher magnetischer Horizontal-Intensität nach Gaussschen Einheiten für 1905,0.

Alle drei Karten (je 58 × 31 cm) im Aequat.-Maßstab 1 : 80 000 000, von 80° N. Br. bis 60° S. Br. reichend. Entworfen von der Deutschen Seewarte. Herausgegeben vom Reichs-Marine-Amt, Berlin 1905. Vertrieb durch D. Reimer.

Erde; 1907; D (1°); (1 : 48 000 000); Curves of equal magnetic variation, 1907. Reduced to that Epoch from observations at Sea, made chiefly by the officers of His Majesty's Navy, and from various Magnetic Surveys undertaken by Colonial and Foreign Governments, 1890 to 1905 . . . . By Commanders L. W. P. Chetwynd, F. Creagh-Osborne and H. Kemmis Betty, Royal Navy . . . London. Published at the Admiralty 30.th Decr. 1905 . . . . 1 Bl. 98 × 44 cm.

Die fünfte von der englischen Admiralität herausgegebene Isogonenkarte, im wesentlichen in der früheren Anordnung. Neu ist, daß im mittleren oberen Karton die Linien gleicher jährlicher Säkularvariation der Deklination auf den Meeren von Minute zu Minute gezeichnet sind.

Auch von dieser Karte gibt es spätere korrigierte Ausgaben, z. B. »Small corrections. VII. 08.« Auf dieser Karte zweiter Ausgabe ist der magnetische Aequator eingetragen.

Erde; 1907; I (5°); (1 : 66 000 000); Lines of equal magnetic dip, 1907. Reduced to that Epoch from observations made largely by the officers of His Majesty's Navy and from various Magnetic Surveys undertaken by Colonial and Foreign Governments. By Commanders L. W. P. Chetwynd and F. Creagh-Osborne, Royal Navy. London. Published at the Admiralty, 29.th Octr. 1906 . . . 1 Bl. 70 × 35 cm.

Die erste von der Britischen Admiralität herausgegebene Isoklinenkarte. Die Isoklinen sind auch auf den Kontinenten gezeichnet.

Erde; 1907; H (0.01); (1 : 66 000 000); Mean lines of equal horizontal force, 1907 Compiled from all available sources by Commanders L. W. P. Chetwynd and F. Creagh-Osborne, Royal Navy . . . . London. Published at the Admiralty, 29th Octr. 1906 . . . . 1 Bl. 70.5 × 35 cm.

Die erste von der Britischen Admiralität herausgegebene H-Isodynamenkarte. Beachtenswert ist die Annahme der c. g. s. Einheiten.

Erde; 1907; Z (0.05); (1 : 66 000 000); Mean lines of equal vertical force, 1907. Compiled from all available sources by Commanders L. W. P. Chetwynd and F. Creagh-Osborne, Royal Navy . . . . London. Published at the Admiralty, 19th. Novr. 1906 . . . . 1 Bl. 70 × 34.5 cm.

Die erste von der Britischen Admiralität veröffentlichte derartige Karte großen Maßstabes; wegen einer solchen kleineren Maßstabes für 1905 vgl. oben 1860.

Erde; 1910; D (1°); (1 : 38 000 000); The variation of the compass for the year 1910. U. S. Department of the Navy, Bureau of Equipment. Published at Washington, D. C., May 1907. 1 Bl. 115 × 62 cm.

Die Karte ungewöhnlich großen Maßstabes, von 72° N. — 69° S. Br. reichend, ist von G. W. Littlehales konstruiert und berücksichtigt z. T. schon die Vermessungen des Department of Terrestrial Magnetism der Carnegie-Institution im Pacifischen Ozean. Die Isogonen auf dem Gebiet der Vereinigten Staaten sind zum ersten Mal auf einer Seekarte als wahre, nicht mehr als terrestrische magnetische Linien gezeichnet.

Auf der Rückseite befindet sich eine Karte im Aequat.-Maßstab 1 : 47 Mill. mit Linien gleicher Säkularvariation der Deklination (von 1' zu 1') für 1910, die aber nur auf den Meeren gezogen sind.

DIE OZEANE.

Die von den Marinebehörden herausgegebenen Segelhandbücher, Monatskarten, Coast Pilots etc. für einzelne Meeresteile, ebenso die von Privaten (Findlay, Imray u. a.) veröffentlichten Directories etc. enthalten gewöhnlich auch eine Missweisungskarte, die indessen meist nicht nach Originalbeobachtungen neu konstruiert, sondern nach den vorhandenen magnetischen Weltkarten unter Berücksichtigung der jährlichen Säkularvariation in größerem Maßstabe entworfen sind. Sie brauchen daher hier nur teilweise berücksichtigt zu werden.

Atlantischer Ozean; 1700; D (1°); (ca. 1 : 32500000); A New and Correct Chart | *Shewing the* VARIATIONS *of the* | *COMPASs* | in the | WESTERN & SOUTHERN | OCEANS | *as Observ'd in y* | Year 1700 | by his MA^ys^ Command | by Edm. Halley. | 1 Bl. 58.4 × 48.9 cm.

Die erste publizierte Isogonenkarte. L. A. Bauer hat in Terrestrial Magnetism, Bd. I, ein Facsimile in verkleinertem Maßstabe veröffentlicht und auf S. 28—31 nachgewiesen, daß sie wahrscheinlich 1701 erschien und Halley's Tabula Nautica vorausging. Die Isogonen stimmen auf beiden Karten genau überein.

Atlantischer Ozean; 1768; Agone (Linie ohne Deklination); (1 : 57000000); Le Monnier, Loix du magnétisme, comparées aux observations & aux expériences, dans les différentes parties du globe terrestre, pour perfectionner la théorie générale de l'aimant, & indiquer par-là les courbes magnétiques qu'on cherche à la mer, sur les cartes réduites. Paris 1776 u. 1778. 8°. 2 vol. I: XXI, 168, XXIII S., 2 Taf.; II: XVI, 40 S., 2 Taf.

Die 2. Tafel enthält eine verkleinerte Wiedergabe der Halley'schen Isogonenkarte des Atlantischen Ozeans für 1700, in der der Verlauf der Agone für 1768 eingetragen ist. Die 1. Tafel enthält eine gleichfalls verkleinerte Wiedergabe der Isoklinenkarte Wilcke's für 1768.

Die später, namentlich von Ch. Schott öfters gegebenen kartographischen Darstellungen der Agone zu verschiedenen Epochen sind hier nicht weiter berücksichtigt worden.

Atlantischer Ozean; 1837; I (10°), F (0. 1 w. E.); (1:75000000); Edward Sabine, Contributions to Terrestrial Magnetism, No. I (Philos. Trans. R. Soc. London 1840, S. 129—155, pl. IV u. V).

Auf pl. V auch eine Nebenkarte mit Isodynamen im Indischen Ozean zwischen dem Kap d. guten Hoffnung und Australien.

Atlantischer Ozean (60° N.—60° S. Br.); 1840 Januar; D (1°); (1 : 18000000); Edward Sabine, Contributions to Terrestrial Magnetism, No. IX (Philos. Trans. 1849, S. 173—234, pl. XIV u. XV).

Europäisches Nordmeer; 1868; D (2°); (ca. 1 : 5000000); W. von Freeden, Ueber die wissenschaftlichen Ergebnisse der ersten deutschen Nordfahrt von 1868. Hamburg 1869. 4°. 1 Bl., 21 S., 1 Taf. (Mittheil. aus d. Norddeutschen Seewarte I).

Atlantischer Ozean; 1881; D (1°), I (5°—10°), H (0.2 G. E.); 1 : 56000000; Taf. 32 und 33 in dem von der Deutschen Seewarte herausgegebenen „Atlas des Atlantischen Ozeans" (Hamburg 1882. Fol.).

Atlantischer Ozean; 1883,5; D (5°), I (5°—10°), H (0.1—0.2 G. E.); (1 : 80000000); Taf. 2 und 3 in dem von der Deutschen Seewarte herausgegebenen „Segelhandbuch für den Atlantischen Ozean" (Hamburg 1885. 8°).

Diese Karten kleineren Maßstabes sollten die für 1881 im zugehörigen Atlas, die teils veraltet, teils unrichtig waren, ersetzen; vergl. S. 319ff. des Segelhandbuches.

Nordatlantischer Ozean (30 - 54° Br.); 1885; D (1°); (ca. 1 : 9350000); De la Manche à New-York. Courbes d'égale déclinaison magnétique entre les 35°. et 55°. parallèles Nord. Gravé par E. Guillot, Paris. 1 Bl. 76×30 cm.

Atlantischer Ozean (0—60° N. Br.); 1893; D (1°); (1 : 16000000); Lines of equal magnetic variation for the year 1893. Published Sept. 1893 at the Hydrographic Office, Bureau of Navigation, Navy Department, Washington, D. C. 1 Bl. 81 × 54.5 cm.

In einem Karton ist der Betrag der jährlichen Aenderung der Deklination in Zahlen eingetragen.

Atlantischer Ozean (0—60° N. Br.); 1894; D (1°); (1 : 16000000); Lines of equal magnetic variation for the year 1894. Published July 1894 at the Hydrographic Office, Bureau of Navigation, Navy Department, Washington, D. C. 1 Bl. 81 × 54.5 cm.

Karton wie in der vorigen Karte.

Atlantischer Ozean; 1895,0; D (5°), I (5°—10°), H (0.2 G. E.); (1 : 77000000); Taf. III und IV im „Segelhandbuch für den Atlantischen Ozean" (2. Aufl. Hamburg 1899. 8°).

Atlantischer Ozean; 1902; D (1⁰), I (5⁰), H (0.1 G. E.); 1:56000000; Taf. 34, 35, 36 in der 2. Aufl. des von der Deutschen Seewarte herausgegebenen „Atlas des Atlantischen Ozeans" (Hamburg 1902. Fol.).

Atlantischer Ozean (40—50⁰ N. Br.); 1904; D(1⁰); (1:11000000); G.W. Littlehales, A discussion of the results of observations for the variation of the compass made by navigators of the mercantile marine along the routes from the United States to Europe. (Auf der Rückseite der vom Hydrographic Office in Washington herausgegebenen Pilot Chart of the North Pacific Ocean für Februar und März 1905).

Atlantischer Ozean; 1906,0; D (1⁰); (1:44000000); Taf. I im „Dampferhandbuch für den Atlantischen Ozean. Herausgegeben von der Deutschen Seewarte" (Hamburg 1905. 8⁰. XV, 435 S., 17 Taf.).

Indischer und Stiller Ozean; 1640; D (1⁰); (1:44500000); W. van Bemmelen, The observations made with the compass on Tasman's voyage and the isogonic lines across the Indian and Pacific Oceans in 1640. 21 S. Text und Taf. V in: Abel Janszoon Tasman's Journal of the Discovery of Van Diemens Land and New Zeuland in 1642 ... Photolithographic facsimiles of the original manuscript. Amsterdam, Fred. Muller & Co. 1898. gr. Fol.

Südindischer Ozean; 1837; F (0.1 w. E.); vgl. Atlantischer Ozean, 1837, Sabine.

Indischer Ozean; 1890; D(1⁰), I(5⁰), H (0.1 G. E); 1:56000000; Taf. 30, 31, 32 in dem von der Deutschen Seewarte herausgegebenen „Atlas für den Indischen Ozean" (Hamburg 1891. Fol.).

Eine Karte kleineren Maßstabes mit den Linien gleicher jährlicher Aenderung der Deklination im Indischen Ozean für die Epoche 1890 findet man in den Annalen d. Hydrographie u. maritim. Meteorologie 1891 S. 408—410, Taf. 17 und auf Taf. I im »Segelhandbuch für den Indischen Ozean« (Hamburg 1892. 8⁰).

Stiller Ozean; 1828/30; D (1⁰), I (1⁰), F (0.1 w. E.); (1:61000000); Adolph Erman, Bericht an die königliche Akademie der Wissenschaften zu Berlin, über die Fortsetzung seiner magnetischen Beobachtungen im russischen Asien durch den großen und atlantischen Ocean. Berlin 1830. 8⁰. 1 Bl., 38 S., 1 Taf. (S.-A. Berghaus' Annal. d. Erd-, Völker- u. Staatenkunde, II. Bd.).

Stiller Ozean; 1895; D(1⁰), I(10⁰), H(0.1 G. E.); 1:56000000; Taf. 26, 27, 28 in dem von der Deutschen Seewarte herausgegebenen „Atlas des Stillen Ozeans" (Hamburg 1896. Fol.).

EUROPA.

Europa und größere Teile von Europa.

Nord-Europa; ca. 1820; H (5 w. E.); (ca. 1:7000000); Chr. Hansteen, Magnetiske Intensitets-Iagttagelser, anstillede paa forskjellige Reiser i den nordlige Deel af Europa. (Magazin for Naturvidenskaberne. Bd. IV, Christiania 1824, S. 268—316, Bd. V, 1825, S. 1—74; deutsch in Poggend. Annal. III, 1825, S. 225—270, 353—428, Taf. III).

Erste wirkliche Isodynamenkarte, reproduziert in Facsimile in No. 4 meiner »Neudrucke.«

Nord- und Zentral-Europa; 1825; H (10 w. E.); (ca. 1:68000000); I (1⁰), F (0.01 w. E.); (ca. 1:124000000); Chr. Hansteen, Magnetiske Iagttagelser af Hansteen, Segelcke, Keilhau og Boeck, m. fl. beregnede og meddelte af .... (Magaz. f. Naturvidenskaberne IX, S. 34—126, 283—318, 2 Tafeln. Christiania 1828. 8⁰); deutsch im Auszug, aber mit den beiden Karten: Einige, von verschiedenen Beobachtern im nördlichen Europa angestellte magnetische Beobachtungen über Neigung und Intensität. (Astron. Nach. No. 146 (Bd. VII), Sp. 17—26, 2 Tafeln, Okt. 1828).

Zentral-Europa und Italien; 1830; H (0.025 w. E.); (ca. 1:10000000); A. Quetelet, Sur la physique du globe (Annal. d. l'Observ. R. d. Bruxelles, T. XIII. Bruxelles 1861. 4⁰).

Südost-Europa; 1850,0; D (1⁰), I (2⁰), H (0.1 G. E.), F (0.1 G. E.); (1:10500000); Karl Kreil, Magnetische und geographische Ortsbestimmungen im südöstlichen Europa und einigen Küstenpunkten Asiens. Wien 1862. 4⁰. 1 Bl., 94 S., 8 Tafeln (Denkschr. d. math.-naturw. Cl. d. Wiener Akad. d. Wiss., Bd. XX).

Eine methodisch wichtige Arbeit, da zum ersten Mal wahre und ideelle magnetische Linien nebeneinander zur Darstellung kommen.

Westliches Mittelmeerbecken; 1888,0; D (1°), H (0.005), I (1°); (1:8000000); Th. Moureaux, Détermination des éléments magnétiques dans le Bassin Occidental de la Méditerranée. Ouvrage accompagné de cartes magnétiques dressées pour le 1er Janvier 1888. Paris 1889. 4°. 156 S., 3 Tafeln. (Annal. d. Bur. Centr. Météorol. d. France, année 1887, I, S. B. 45—194.)

Europa; 1909; D (1°); (ca. 1:24000000); Karte III in: Adolf Marcuse, Astronomische Ortsbestimmung im Ballon. Berlin 1909. 8°. 67 S., 3 Taf.

Belgien.

Belgien; 1848—1850; D(1°), H(0.05 G.E.), I(1°); (1:425000); J. Lamont, Untersuchungen über die Richtung und Stärke des Erdmagnetismus in Nord-Deutschland, Belgien, Holland, Dänemark im Sommer des Jahres 1858 ausgeführt und auf öffentliche Kosten herausgegeben. München 1859. 4°. 91, XLV S., 9 Taf.

Eigene Messungen liegen nur von den drei Stationen Brüssel, Gent und Mecheln vor.

Belgien; 1856; vgl. Britische Inseln 1856.

Belgien; 1871; I (0.5°), H (0.1 E. E.), D (0.5°); (1:1500000); Stephen J. Perry, Magnetic Survey of Belgium in 1871 (Philos. Trans. 1873, S. 341—357, pl. XIX—XXI).

Vgl. auch oben S. 18 Anmerkung 2.

Britische Inseln.

Süd-England und Nord-Frankreich; 1719/20; I(15°); (1:3000000); Will. Whiston, The longitude and latitude found by the inclinatory or dipping needle ...... London 1721. 8°. 2 Bl., XXVIII, 115 S., 1 Bl., 2 Taf.

Die erste Isoklinenkarte, reproduziert in Facsimile in No. 4 meiner »Neudrucke« (Berlin 1895. 4°).

Schottland; 1829—1830; F (10 w. E.); (1:2000000); James Dunlop, An account of observations made in Scotland on the distribution of the magnetic intensity (Trans. of the R. Soc. of Edinburgh, vol. XII, pt. I, 1830).

Irland; 1835; I (30'), H (0.01 w. E.), F (0.005 w. E.); (ca. 1:4100000); Observations on the direction and intensity of the terrestrial magnetic force in Ireland, made by Humphrey Lloyd, Edward Sabine and James Clark Ross (Report 5th meet. British Assoc. f. the Advancement of Science, Dublin 1835. London 1836. 8°. S. 117—162).

Schottland; 1836; I (30'), F (0.005 w. E.); (ca. 1:1800000); Edward Sabine, Observations on the direction and intensity of the terrestrial magnetic force in Scotland (Rep. 6th meet. Brit. Assoc. f. the Advanc. of Science 1836. London 1837. 8°. S. 97—119).

Britische Inseln; 1837,0; I (1°), F (0.1 w. E.); (1:2300000); Edward Sabine, Report on the magnetic isoclinal and isodynamic lines in the British Islands. From observations by Professors Humphrey Lloyd, and John Phillips; Robert Were Fox; Capt. James Clark Ross; and Major Edward Sabine. London 1839. 8°. (S.-A. Eighth Rep. of the British Assoc. for the Advancement of Science 1838, S. 49—196, 318—320, 3 Taf.).

Die erste magnetische Landesaufnahme der Britischen Inseln. Die Karte der Isogonen wurde erst 1849 für die Epoche 1840.0 mit denen des Atlantischen Ozeans veröffentlicht (Sabine, Contributions to Terrestr. Magnet. IX, 1849).

Britische Inseln; 1842, 5; D (1°), I (1°), F (0.1 E. E.); (1:5300000); Edward Sabine, Contributions to Terrestrial Magnetism, No. XII (Philos. Trans. vol. 160, 1870, S. 265—275).

Die Karten sind von Frederick John Evans gezeichnet.

England; 1856; I (1°); (ca. 1:3500000); Mahmoud-Effendi, Mémoire sur l'état actuel des lignes isocliniques et isodynamiques dans la Grande-Bretagne, la Hollande, la Belgique et la France. 4°. 47 S., 1 Taf. (Mém. prés. à l. classe d. sci. de l'Acad. roy. d. Belgique, T. XXIX, Bruxelles 1856).

Schottland; 1858 Januar; I (30'), D (1°), F (0.005 w. E.); (ca. 1:2000000); Balfour Stewart, On some results of the magnetic survey of Scotland in the years 1857 and 1858, undertaken, at the request of the British Association, by the late John Welsh (Report British Assoc. f. the Adv. of Sci. 1859, S. 167—190, 2 Taf.).

Die isomagnetischen Linien für 1837 Januar sind zum Vergleich eingezeichnet.

England; 1860,0; I (1°), F (0.1 E. E.), D (1°) [für die Britischen Inseln und die Epoche 1857,0]; (1:2300000); Edward Sabine, Report on the repetition of the magnetic survey of England, made at the request of the General Committee of the British Association. 8°. (Rep. Brit. Assoc. f. the Adv. of Sci. 1861, S. 250—279, 3 Taf.).

Die Isogonenkarte rührt von Fred. John Evans her.

Britische Inseln; 1872,0; D (1°); (ca. 1:5000000); Frederick J. Evans, On the present amount of westerly magnetic declination [variation of the compass] on the coast of Great Britain, and its annual changes (Philos. Trans. 1872, S. 319—330, pl. XLVI).

Britische Inseln; 1886, 0; D (30'), I (30'), H (0.01—0.03 G. E.), Z; (1:4600000); A. W. Rücker and T. E. Thorpe, A Magnetic Survey of the British Isles for the Epoch January 1, 1886. 4°. (Philos. Trans. R. Soc: of London 1890, A, S. 53—328, 14 Taf.).

Messungen an 205 Stationen. Terrestrische und wahre isomagnetische Linien. Außerdem kartographische Darstellungen der Störungen von D, H, Z und von den Gesamtstörungen. Wegen dieser grundlegenden Arbeit vergl. oben S. 16.

Britische Inseln; 1891, 0; D (meist 15'), H (wechselnd), I (wechselnd), Z (wechselnd); (1:2000000); A. W. Rücker and T. E. Thorpe, A Magnetic Survey of the British Isles for the epoch January 1, 1891 (Philos. Trans. of the R. Society of London. Series A for the year 1896, vol. 188. London 1896. 4°. 661 S., 14 Tafeln).

Terrestrische und wahre isomagnetische Linien auf besonderen Tafeln, außerdem zahlreiche Störungskarten. Gemessen wurde in den Jahren 1889—1892 an insgesamt 677 Stationen, nämlich an 190 in Schottland, 345 in England und Wales, 142 in Irland; bei der Aufnahme von 1886 betrug die Zahl der Stationen 54 bezw. 107 und 44.

Dänemark.

Dänemark; 1848—1850; vgl. Nord-Deutschland (Lamont).

Messungen in Kiel und Korsör.

Dänemark; 1891,5; D (0.5°); (1:4200000); Adam Paulsen, Annales de l'Observatoire Magnétique de Copenhague. Année 1892. Copenhague 1893. Fol. S. 4.

Dänemark; 1905; D (1/2°); (ca. 1:2750000); Den Danske Lods. Udgivet af det Kongelige Søkort-Arkiv. Sjette udgave. Kjøbenhavn 1905. 8°. S. 44.

Die Karte ist von A. Paulsen gezeichnet und beruht auf seinen an 170 Orten angestellten Messungen, die bisher nicht veröffentlicht sind.

Auf S. 45 folgt im ungefähren Maßstab von 1:545000 eine Isogonenkarte von Bornholm für dieselbe Epoche.

Bornholm; 1891,5; D (1/2°); (ca. 1:100000); R. Hammer, Misviisnings undersøgelser ved Bornholms kyster. Foretagne fra opmaalingsfartøiet „Krieger" i sommeren 1892. Kjøbenhavn 1892. 8°. 1 Bl., 21 S., 1 Tafel (S.-A. Tidsskrift for søvaesen, Nye raekke, 27de bind, 6te Hefte).

Bornholm; 1891,5; D; Adam Paulsen, Régime magnétique de l'île de Bornholm. 8°. 42 S. (S.-A. Bull. de l'Acad. R. des Sciences et des Lettres de Danemark 1896).

Die Messungen wurden an 103 Punkten gemacht und erstrecken sich auf D, I und H; auf S. 8 ist aber nur das Kärtchen der Isanomalen der Deklination gegeben. Eine Isogonenkarte von Bornholm für dieselbe Epoche findet man in Annales de l'Observatoire Magnétique de Copenhague, année 1892, S. 5. Vgl. auch A. Paulsen, Anomalies du champ magnétique terrestre en Danemark (Congrès maritime internat. de Copenhague 1902. 8°. 18 S.).

Deutschland.

Deutschland; 1850; D (1°), H (0.05 G. E.), I (1°); (1:3700000); J. Lamont, Magnetische Karten von Deutschland und Bayern, nach den neuen Bayerischen und Oesterreichischen Messungen, unter Benützung einiger älterer Bestimmungen, entworfen und herausgegeben von .... München 1854. Fol. IV, 16 S., 6 Tafeln.

Die isomagnetischen Linien sind Linien gleicher Differenzen gegen München.

Die merkwürdige Fassung des Titels: »von Deutschland und Bayern« sollte vermutlich zum Ausdruck bringen, daß der Atlas außer den allgemeinen magnetischen Karten für Deutschland noch spezielle für Bayern enthält.

Für Bayern liegen die Messungen an etwa 240 Stationen vor, also eine erste Detailvermessung.

Deutschland; 1885,0; D (1°), I (1°), H (0.005); 1:6000000; Entworfen von Neumayer. Gehört zu M. Eschenhagen's Artikel „Erdmagnetismus" in der von A. Kirchhoff herausgegebenen „Anleitung zur deutschen Landes- und Volksforschung" (Leipzig 1889. 8°).

Deutschland; 1909; D (30'); 1:5000000; Karte II in: Adolf Marcuse, Astronomische

Ortsbestimmung im Ballon. Berlin 1909. 8⁰. 67 S., 3 Taf.

Norddeutschland.

Norddeutschland; 1848—1850; D(1⁰), H (0.05 G. E.), I (1⁰); (1:7500000); J. Lamont, Untersuchungen über die Richtung und Stärke des Erdmagnetismus in Nord-Deutschland, Belgien, Holland und Dänemark im Sommer des Jahres 1858 ausgeführt und auf öffentliche Kosten herausgegeben. München 1859. 4⁰. 91, XLV S., 9 Tafeln.

Die isomagnetischen Linien stellen Linien gleicher Differenzen mit München dar. Von den insgesamt 30 vermessenen Stationen gehören 23 Norddeutschland, 3 Belgien, 2 Holland und 2 Dänemark an.

Nordwest-Deutschland; 1873 April; D (1⁰), I (1⁰), H (0.03 G. E.); (1 : 1 2/3 Mill.); (G. Neumayer), Die magnetischen Elemente in Nord-Deutschland, Holland und Belgien (mit einer Karte). (Hydrograph. Mitteilungen 1873, S. 282—287).

Reisebeobachtungen an 9 norddeutschen Stationen und Perry's Messungen in Belgien liegen zu Grunde.

Küstengebiet zwischen Elbe und Oder; 1885,5; I (5'), H (0.001), D (5—10'); (ca. 1 : 1000000); W. Schaper, Magnetische Aufnahme des Küstengebietes zwischen Elbe und Oder, ausgeführt von der erdmagnetischen Station zu Lübeck in den Jahren 1885, 1886, 1887. Hamburg 1889. 4⁰. 1 Bl., 118 S., 3 Taf. (Aus dem Archiv der Deutschen Seewarte XII, 1889, No. 2).

Linien gleicher Differenzen gegen Lübeck nach Messungen an 72 Stationen.

Nordwest-Deutschland; 1888, Juli 1; D (10'), I (10'), F (0.001); (1 : 3000000); M. Eschenhagen, Bestimmung der erdmagnetischen Elemente an 40 Stationen im nordwestlichen Deutschland, ausgeführt im Auftrage der Kaiserlichen Admiralität in den Jahren 1887 und 1888. Herausgegeben von dem Hydrographischen Amt des Reichs-Marine-Amts. Berlin 1890. 4⁰. 2 Bl., 103 S., 3 Taf.

An 40 Stationen von der Insel Sylt im N. bis nach Gießen im S. wurde beobachtet.

Niederrheinisch-westfälischer Bergbaudistrikt; 1889 September 2; D (5'); 1 : 200000; Lenz, Untersuchungen über das Verhalten der magnetischen Declination im niederrheinisch-westfälischen Bergbaudistricte und die Anwendung der Declinations-Angaben auf Orientirung der Grubenbilder (Mitth. aus d. Markscheiderwesen, herausg. v. Werneke. Heft V, Freiberg i. Sachsen 1890. 8⁰. S. 21—28, Tafel II).

Nordsee (mit den Küstenländern); 1890,5; D (1⁰), I (1⁰), H (0.01); (1 : 6000000); A. Schück, Magnetische Beobachtungen auf der Nordsee angestellt in den Jahren 1884 bis 1886, 1890 und 1891. Hamburg 1893. gr. 4⁰. 2 Bl., 58 S., 5 Tafeln.

Küstengebiet zwischen Elbe und Oder, sowie Schleswig-Holstein; 1892,5; I (5'), H (0.001), D (5'—10'); (ca. 1 : 1000000); Erdmagnetische Station zu Lübeck. Magnetische Aufnahme des Küstengebietes zwischen Elbe und Oder. II. Teil: Schleswig. Ausgeführt in den Jahren 1892 und 1894 und bearbeitet von W. Schaper. Lübeck 1909. 8⁰. 87 S., 3 Taf., 3 Karten.

Linien gleicher Differenzen gegen Lübeck. Bestimmt wurde D an 19, I und H an 15 Stationen in Schleswig.

Hamburger Bucht; 1895,5; D (10'), I (10'), H (0.0005; 1 : 693400; A. Schück, Magnetische Beobachtungen an der Hamburger Bucht, Deutsche Bucht der Nordsee, mittlerer Theil, angestellt i. J. 1896 von A. Schück, Hamburg. Mit Karten; und jährliche Aenderung der Elemente des Erdmagnetismus an festen Stationen Europa's i. d. Jn. 1893—96. Selbstverlag des Verfassers. Hamburg 1898. 8⁰. 46 S.

Deutsche Ostseeküste (von Eckernförde bis Darsserort); 1895,5; D (10'), I (10'), H (0.0005); 1 : 692900; A. Schück, Magnetische Beobachtungen an der Deutschen Ostseeküste, westlicher Teil: Schleswig-Holstein, Mecklenburg und Darsserort, angestellt i. d. Jn. 1897 und 1898. Selbstverlag des Verfassers. Hamburg 1899. 8⁰. 30 S., 3 Tafeln.

Deutsche Ostseeküste; 1895,5; D (10'); 1 : 1481000; A. Schück, Magnetische Beobachtungen an der Deutschen Ostseeküste, II. Mittlerer und östlicher Teil, sowie an der Küste des südlichen Norwegen. Angestellt in den Jahren 1898 und 1900. Hamburg 1901. 4⁰. 37 S., 4 Tafeln.

Deutsche Ostseeküste; 1895,5; I (10'), H (0.001); 1:1481000); A. Schück, Magnetische Beobachtungen an der Deutschen Ostseeküste, IIa. Tafeln, auch zu Magnetische Beobachtungen an der Hamburger Bucht; sowie jährliche Änderung der Elemente des Erdmagnetismus an festen Stationen Europas i. d. Jn. 1895—1900. Hamburg 1902. 4⁰. 14 S., 10 Tafeln.

Mit Spezialkarten der isomagnetischen Linien für die Kieler Bucht, Rügen und die Hamburger Bucht.

Ostsee vgl. auch Rußland.

Norddeutschland; 1909,0; D (10'), I (10'), H (0.0005); 1:2750000; Ad. Schmidt, Magnetische Karten von Norddeutschland für 1909. (Abhandlungen des Kgl. Preuß. Meteorologischen Instituts, Bd. III, Nr. 4).

Vgl. oben S. 6 Anmerkung. Zu Grunde liegen die Messungen an 265 Stationen in Preußen, Mecklenburg und Oldenburg. Der Verlauf der Linien im Königreich Sachsen wurde der von Göllnitz gegebenen Darstellung entnommen; siehe Sachsen 1907, 5.

Umgebung von Aachen; 1895; D (5'); Karl Haußmann, Das erdmagnetische Störungsgebiet bei Aachen. Freiberg i. Sa. 1905. 8⁰. 20 S., 1 Taf. (S.-A. Mitteil. aus d. Markscheiderwesen, N. F., Heft 7).

Ottilienberg; 1905; D, I, H; 1:10000; Erich Schaper, Untersuchung eines kleinen erdmagnetischen Störungsgebietes (Ottilienberg bei Themar an der Werra). Inaug.-Diss. Kiel. Meiningen 1906. 8⁰. 1 Bl., 29 S., 7 Taf., 1 Bl. Diese Schrift erschien auch unter etwas anderem Titel: Erdmagnetische Station zu Meiningen. Untersuchung der magnetischen Störungen durch den Basaltausbruch des Ottilienberges bei Themar a. d. Werra. Herausgegeben von Dr. E. Schaper. Meiningen 1906. 8⁰. 2 Bl., 29 S., 7 Taf.

Enthält auch Linien gleicher Oberflächendichte und Aequipotential-Linien.

Westpreußen und westlicher Teil von Ostpreußen; 1906; D (10—20'); (ca. 1:710000); auf Seite 33 im: Bericht über die Tätigkeit des Königlich Preußischen Meteorologischen Instituts im Jahre 1907. Erstattet vom Direktor. Berlin 1908. 8⁰.

Vorläufige Isogonenkarte im regionalen Störungsgebiete der Provinzen Ost- und Westpreußen.

Bis jetzt (Ende 1909) wurde von der Trigonometrischen Abteilung des Großen Generalstabes die Deklination an etwa 2000 Punkten in diesen Provinzen bestimmt.

Zobtengebiet (Preuß. Schlesien); 1897; Spezialkarte im Maßstabe von 1:25000 der Verteilung von H in diesem Störungsgebiet; Max Zeisberg, Erdmagnetische Untersuchungen im Zobtengebiet. Inaug.-Diss. Breslau. Breslau (1899). 8⁰. 3 Bl., 42 S., 1 Bl., 2 Tafeln.

Enthält eine sehr vollständige Bibliographie der Literatur über magnetische Störungsgebiete.

Königreich Sachsen; 1885; D (12'), I (12'), H (0.01 G. E.); 1:1000000; Otto Schreyer, Erdmagnetische Beobachtungen im Königreich Sachsen. Freiberg 1886. 4⁰. 40 S., 3 Taf. (Progr. Realgymn. Freiberg i. Sa. 1886).

Königreich Sachsen; 1907,5; D (5'), I (5'), H (0.0005), Z (0.001); 1:500000; Göllnitz, Die magnetische Vermessung des Gebietes des Königreichs Sachsen. II. Mitteilung. Freiberg in Sachsen 1909. 8⁰. 144 S., 4 Taf. (S.-A. Jahrb. f. d. Berg- u. Hüttenwesen im Königr. Sachsen auf das Jahr 1909).

Die ganze Vermessung (101 Stationen, davon 91 mit vollständigen Messungen von D, I, H) wurde im Sommer und Herbst 1907 ausgeführt. Das Kgr. Sachsen ist augenblicklich der magnetisch am besten erforschte Staat in Deutschland.

Süddeutschland.

Der Kaiserstuhl in Baden; 1898; H, I, D; Spezialkarten der magnetischen Störungen; G. Meyer, Erdmagnetische Untersuchungen im Kaiserstuhl. Freiburg i. B. 1902. 8⁰. 40 S., 4 Taf. (S.-A. Ber. d. Naturforsch. Ges. zu Freiburg i. B. Band XII).

Bayern; 1850; D (10'), H (0.01 G. E.), I (10'); (1:1100000); J. Lamont, Magnetische Karten von Deutschland und Bayern, nach den neuen Bayerischen und Oesterreichischen Messungen, unter Benützung einiger älterer Bestimmungen, entworfen und herausgegeben von . . . München 1854. Fol. IV, 16 S., 6 Tafeln.

Die isomagnetischen Linien sind Linien gleicher Differenzen gegen München.

Bayerische Rheinpfalz; 1856,0; D (10'), I (5'), H (0.001); 1:350000; G. von Neumayer, Eine erdmagnetische Vermessung der bayerischen Rheinpfalz 1855/56. Bad Dürkheim 1905. 4⁰. 1 Bl., III, 79 S., 1 Bl., LXI S., 3 Tafeln.

Die wahren und die terrestrischen isomagnetischen Linien sind eingezeichnet.

Gemessen wurde an 31 Stationen, deren Lage in Lamont'scher Art abgebildet wird.

Bayern; 1905,0; D (10'), I (10'), H (0.001); (1:2750000); J. B. Messerschmitt, Magnetische Ortsbestimmungen in Bayern. II. Mitteilung. München 1906. 8⁰. (S.-A. Sitzungsber. d. math.-phys. Kl. der Kgl. Bayer. Akad. d. Wiss., Bd. XXXVI, 1906, S. 545—579, Taf. VII).

Das Ries bei Nördlingen; 1901,0; D (2'), I (2'), H (0.0002), Z (0.0005), F (0.0005); 1:500000; Karl Haussmann, Magnetische Messungen im Ries und dessen Umgebung. Berlin 1904. 4⁰. 138 S., 7 Taf. (Anhang z. d. Abhandlungen der Kgl. Preuss. Akad. d. Wissenschaften vom Jahre 1904, phys.-math. Cl.).

Spezialvermessung eines vulkanischen Störungsgebietes (54 Stationen). Außer den 5 magnetischen Karten enthält die letzte Tafel im Maßstab von 1:250000 die »störenden Kräfte nach Richtung und Größe«.

Wachtküppel in der Rhön; 1897; D; 1:5000; Karl Gg. Böhmländer, Verlauf der Isogonen auf dem Wachtküppel (Rhön). Inaug.-Diss. München. Memmingen (1899). 8⁰. 29 S., 1 Bl., 2 Taf., 1 Tab.

Mittleres Württemberg; 1885 Oktober 1; D (5'); 1:600000; E. Hammer, Über den Verlauf der Isogonen im mittleren Württemberg. Stuttgart 1886. 8⁰. VI S., 1 Bl., 58 S., 3 Tafeln.

Württemberg und Hohenzollern; 1901, 0; D (5'), I (5'), H (0.0005), Z (0.0005), F (0.0005); 1:1000000; Karl Haussmann, Die erdmagnetischen Elemente von Württemberg und Hohenzollern, gemessen und berechnet für 1. Januar 1901 im Auftrage und unter Mitwirkung der K. Württembergischen Meteorologischen Zentralstation. Herausgegeben von dem K. Statistischen Landesamt 1903. Stuttgart 1903. 4⁰. V, 160 S., 7 Taf.

Mit Einschluß der Basisstation (Kornthal) und der wiederholten Messungen wurden an 88 Stationen beobachtet, von denen aber nur 65 als selbständige Punkte gelten können. Die ganze Feldaufnahme wurde in der kurzen Zeit vom 2. August bis 6. Oktober 1900 ausgeführt.

Frankreich.

Frankreich; 1848 bis 1854; D (1⁰), H (0.05 G. E.), I (1⁰); (1:7250000); J. Lamont, Untersuchungen über die Richtung und Stärke des Erdmagnetismus an verschiedenen Puncten des Südwestlichen Europa ... München 1858. 4⁰. 198, CXV S., 13 Taf.

Messungen wurden gemacht an 44 Stationen in Frankreich, 28 in Spanien, 1 in Portugal, 1 in Belgien und 2 in Deutschland. Die Isogonen beziehen sich auf die Epoche 1854 März, die Isodynamen auf 1848 Juni, die Isoklinen auf 1848 August.

Nordfrankreich; 1856; vgl. Britische Inseln 1856.

Frankreich; 1858 und 1868; I (1⁰), H, F (0.1 E. E.), D (1⁰); (1:6000000); Stephen J. Perry, S. J., Magnetic Survey of the West of France, 1868 (Philos. Trans. vol. 160, 1870, pt. I, S. 33—50, pl. I—III).

Die Linien für 1858 nach Lamont. Perry beobachtete in den Jahren 1868 und 1869 an 32 französischen Stationen; seine Abhandlung »Magnetic Survey of the East of France, 1869« (Philos. Trans. vol. 162, 1872, pt. I, S. 1—28) enthält keine Karte.

Frankreich; 1875 Juni 15; D (1⁰); (ca. 1:10000000); Marié-Davy, Déclinaison de l'aiguille aimantée (Annuaire pour l'an 1876 publié par le Bureau des Longitudes. Paris. 12⁰, S. 521—536).

Diese Karte wurde in den folgenden Jahrgängen des Annuaire für spätere Epochen wiederholt, bis sie durch die Moureaux'sche ersetzt wurde.

Frankreich; 1885,0; D (1⁰), H (0.005), I (1⁰); (1:7500000); Th. Moureaux, Détermination des éléments magnétiques en France, ouvrage accompagné de nouvelles cartes magnétiques dressées pour le 1er janvier 1885. Paris 1886. 4⁰. 2 Bl., 174 S., 4 Tafeln (S.-A. Annal. d. Bur. Centr. Météorol. de France, t. I, année 1884).

Die neuen Karten mit noch ganz glatt verlaufenden Kurven — nur in der Bretagne zeigen die Isogonen eine leichte Einbiegung — beruhen auf Messungen an 80 Stationen. Die 4. Tafel enthält die magnetischen Meridiane. Vgl. oben S. 24.

Frankreich; 1896, 0; D (10'), I (10'), H (0.001), Z (0.001), X (0.001), — Y (0.001), F (0.001); (1:4300000); Th. Moureaux, Réseau magnétique de la France au 1er Janvier 1896. Première partie. Distribution réelle des éléments magnétiques (Annales d. Bureau

Centr. Météorol. d. France, Mém., année 1898, S. B 57—B 104, pl. IX—XVI).

Zu Grunde liegen die Messungen, die der Verf. in den Jahren 1884—1895 an 617 Orten ausgeführt hat. Auf S. B. 71 befindet sich ein Kärtchen mit Linien gleicher Säkularvariation der Deklination vom 1. Januar 1889 bis 1. Januar 1896. Vgl. oben S. 25.

Frankreich; 1896,0; D (0.5°), I (0.5°), H (0.005), Z (0.005), F (0.005), X (0.005), —Y (0.0025); (1:10500000); Th. Moureaux, Réseau magnétique de la France au 1er Janvier 1896. Deuxième partie. Distribution théorique des éléments magnétiques (Annal. d. Bur. Centr. Météorol. de France, Mém., année 1901, S. B 81—B 116, pl. V—VIII).

Die Karten enthalten die terrestrischen magnetischen Linien; auf pl. VIII ist die magnetische Anomalie im Pariser Becken in größerem Maßstab dargestellt.

Pariser Becken; 1891,0; D (10'), I (10'), H (0.001), Z (0.001), F (0.001); (1:3800000); Th. Moureaux, Sur l'anomalie magnétique du bassin de Paris (Annal. d. Bur. Centr. Météorol. d. France, Mém., année 1890, S. B 95 — B 112).

Beobachtungen an 178 Orten liegen zu Grunde.

Pariser Becken (westlicher Teil); 1905,0; D (10'), I (10'), H (0.001), Z (0.001), X (0.001), —Y (0.001), Z (0.001); (1:900000); Th. Moureaux, Déterminations magnétiques faites dans la région de l'anomalie du Bassin de Paris pendant l'année 1904 (Annal. d. Bur. Centr. Météorol. d. France, Mém., année 1904, S. 25 —82, pl. V—VIII).

Die einen Kärtchen enthalten wahre und terrestrische magnetische Linien, während die anderen, jeweilig nebenstehenden Linien gleicher Anomalien wiedergeben.

Umgebung von Toulouse; 1896?; D (4'), H (0.003), I (4' — 10'); (ca. 1:600000); Mathias, Sur la construction et l'utilisation des cartes magnétiques. Application au bassin de la Garonne. 8°. 29 S., 3 Taf. (S.-A. Mém. de l'Acad. des Sciences, Inscript. et Belles Lettres de Toulouse, 9e sér., t. IX, année 1897).

Die Karten enthalten, gemäß der Methode von Lamont, Linien gleicher Differenzen.

Italien.

Italien; 1885; D (1°); (1 : 2500000); D. E. Diamilla Muller, Memorie e Letture scientifiche. Astronomia. Magnetismo Terrestre. Torino 1885. 8°. VIII, 645 S., 2 Tafeln.

Erschien auch in einer Sonderausgabe: D. E. Diamilla Muller, Carta magnetica dell' Italia e dei mari italiani. Torino 1885. 8°. 11 S., 1 Taf.

Sizilien; 1890,6; D (0.5°), I (0.5°), H (0.002); (1 : 3⅓ Mill.); L. Palazzo, Carte magnétique de la Sicile (Terrestr. Magnetism 1899, S. 87—92).

Italien; 1892,0; D (30'), I (30'); (1 : 3400000); Pietro Tacchini, Sulle carte magnetiche d'Italia eseguite da Ciro Chistoni e Luigi Palazzo per cura del R. Ufficio Centrale Meteorologico di Roma. Roma 1893. Fol. 25 S., 2 Tafeln. (Annali dell' Ufficio Centr. di Meteorologia e Geodinamica, vol. XIV, parte I, 1892).

Auch: (Genova) 1893. 8°. 31 S., 2 Taf. (S.-A. Atti del primo Congresso Geografico Italiano, Genova 1872.)
Neue Messungen an 189 Orten und ältere an 95 Orten liegen zu Grunde.

Italien; 1892,0; H (0.002); 1 : 4000000; Luigi Palazzo, Carta magnetica delle isodinamiche d'Italia. Napoli 1905. 8°. 24 S., 1 Taf. (S.-A. Atti del V. Congresso Geografico Italiano, tenuto a Napoli, 1904, vol. 2°).

Sardinien; 1892,5; D (10'), I (30'), H (0.002); (ca. 1 : 1500000); Luigi Palazzo, Sul rilevamento magnetico della Sardegna (Scritti di geografia e di storia della geografia concernanti l'Italia pubblicati in onore di Giuseppe Dalla Vedova. Firenze 1908. 8°, S. 21—29, tav. II).

Messungen an 16 Orten liegen den Karten zu Grunde. Dieselben Karten in etwas kleinerem Maßstabe (ca. 1 : 3000000) mit Hinzufügung von Karten für Z (0.002) und F (0.001) finden sich in: L. Palazzo, Magnetic charts of the island of Sardinia (Terrestr. Magnetism XIV, 147—152, 1909).

Umgebung von Turin; 1906, 0; I (5'), D (5'), H (0.001); 1 : 500000; D. Boddaert, Misure magnetiche nei dintorni di Torino. Declinazione e Inclinazione. Torino 1907. 4°. (Memorie d. R. Accad. delle Scienze di Torino, serie II, tom. LVIII, 397—450, 1 Taf.) und D. Boddaert, Misure magnetiche nei dintorni di Torino. Componente orizzontale. Torino 1908. 4°. (Ebenda, tom. LIX, 195—258, 1 Taf.).

Die Niederlande.

Niederlande; 1848—1850; vgl. Belgien (Lamont).

Messungen in Leiden und Utrecht.

Niederlande; 1856; vgl. England 1856.

Niederlande; 1891,0; D (20'), H (0.0005), I (5'—10'), X (0.001), Y (0.001), Z (0.001); (1 : 928 000); van Rijckevorsel, A magnetic survey of the Netherlands for the epoch January 1, 1891. Rotterdam 1895. 4⁰. 4 Bl., 103 S., 34 Tabellen, 9 Tafeln (Nieuwe Verhandelingen van het Bataafsch Genootschap der Proefondervindelijke Wijsbegeerte te Rotterdam. Buitengewone Aflevering).

Norwegen.

Umgebung von Fredriksvaern; 1848; Störungen von H, F; Chr. Langberg, Magnetiske iagttagelser paa en reise i Christiansand Stift i sommeren 1848. 8⁰. 32 S., 1 Taf. (Nyt Magaz. f. Naturvidenskab. VI, 1851).

Oesterreich-Ungarn.

Böhmen; 1845; D u. I (10'), H u. F (0.005); (1:1000000); Karl Kreil, Magnetische und geographische Ortsbestimmungen in Böhmen in den Jahren 1843—1845. Prag 1846. 4⁰. 95 S., 2 Taf. (Abh. d. Kgl. böhm. Ges. d. Wiss. V. Folge, Band 4).

Oesterreich-Ungarn; 1848; H (0.01 G. E.), I (30'), F (0.005 G. E.), D (30'); (1:2350000); Carl Kreil, Ueber den Einfluß der Alpen auf die Aeusserungen der magnetischen Erdkraft. Wien 1849. Fol. 1 Bl., 46 S., 4 Tafeln (S.-A. Denkschr. d. math.-naturw. Cl. der Kaiserl. Akad. d. Wiss. in Wien, Bd. I).

Oesterreich-Ungarn; 1850,0; D (1⁰), I (1⁰), H (0.05 G. E.), F (0.02 G. E.); (1:5220000); Karl Kreil, Magnetische und geographische Ortsbestimmungen im südöstlichen Europa und einigen Küstenpunkten Asiens. Wien 1862. 4⁰. 1 Bl., 94 S., 8 Tafeln (Denkschr. d. math.-naturw. Cl. d. Wiener Akad. d. Wiss., Bd. XX).

Die Beobachtungen an 241 Stationen liegen zu Grunde. Kreil zeichnet zum ersten Mal wahre und rechnerisch ausgeglichene Kurven; vgl. oben S. 16.

Ungarn; 1850,0 und 1875,0; D (20'), I (20'), H (0.02 G. E.); (1:2670000); Guido Schenzl, Beiträge zur Kenntnis der erdmagnetischen Verhältnisse in den Ländern der ungarischen Krone. Im Auftrage der Kgl. ungar. naturwissenschaftlichen Gesellschaft. Budapest 1881. 4⁰. XII, 539 S., 6 Tafeln. (In deutscher und ungarischer Sprache).

Die Linien für die Epoche 1850, 0 beruhen auf den Beobachtungen von Kreil, die für 1875, 0 auf denjenigen, die Schenzl an 117 Punkten in den Jahren 1864—1879 gemacht hatte.

Siebenbürgen; 1875; D (20'); (1:2000000); Guido Schenzl, Beitrag zur Kenntnis der magnetischen Verhältnisse im südöstlichen Ungarn (Siebenbürgen). (Carl's Repert. f. Experimentalphysik, XIII. Bd., 1877, S. 165—202, Taf. VIII—X).

Karten desselben Maßstabes enthalten die Isogonen für 1850 nach Kreil's Beobachtungen und die »Störungen« der Deklination für 1875.

Oesterreich-Ungarn; 1877; D (30'); (1:2500000); F. Pošepný, Die magnetische Declination und die Isogonen im Bereiche der österr.-ungar. Monarchie und der angrenzenden Gebiete. Wien 1878. 8⁰. 1 Bl., 54 S., 1 Karte (S.-A. Berg- und Hüttenmännisches Jahrbuch, 1878, XXVI. Bd., Heft 1).

Oesterreich-Ungarn; 1890,0; D (1⁰), I (1⁰), H (0.05 G. E.), X (0.05 G. E.), Y (0.04 G. E.), Z (0.10 G. E.), F (0.04 G. E.); 1:6000000; J. Liznar, Die Verteilung der erdmagnetischen Kraft in Oesterreich-Ungarn zur Epoche 1890,0 nach den in den Jahren 1889 bis 1894 ausgeführten Messungen. I. Teil. Wien 1895. 4⁰. 1 Bl., 232 S. (Denkschr. d. math.-naturw. Cl. d. Kais. Ak. d. Wissensch. Bd. LXII). II. Teil. Wien 1898. 4⁰. 1 Bl., 90 S., 3 Tafeln (Denkschr. usw. Bd. LXVII).

Beobachtet wurde von Liznar an 109 Stationen in Oesterreich, zur Zeichnung der isomagnetischen Linien standen aber 210 Stationen (einschl. Ungarn, Küstenland und Dalmatien) zur Verfügung. Die Karten für D und I enthalten auch die Linien für 1850,0 sowie die gleicher jährlicher Aenderung.

Ungarn; 1890,0; D (30'), I (30'), H (0.02 G. E.); (1:3100000); Ignatz Kurländer, Erdmagnetische Messungen in den Ländern der Ungarischen Krone in den Jahren 1892—1894. Mit Unterstützung der Ungarischen Akademie herausgegeben von der Kön. Ung. Naturwissenschaftlichen Gesellschaft. Budapest 1896. 4⁰. 2 Bl., 68 S., 3 Taf. (Text in ung. u. deutsch. Sprache.)

38 Stationen liegen zu Grunde.

Bosnien und Herzegowina (einschl. der nördl. Adria); 1890,0; D (15'), I (30'), H (0.0025); 1:1700000; Wilhelm Kesslitz und Sigmund Schluet v. Schluetenberg, Magnetische Aufnahme von Bosnien und der Herzegowina ausgeführt im Jahre 1893 im Auftrage der Kaiserlichen Akademie der Wissenschaften in Wien. Wien 1894. 4⁰. 1 Bl., 42 S., 1 Taf. (Denkschr. d. math.-naturw. Cl. d. Wiener Ak. LXI).

An 28 Orten Bosniens und der Herzegowina wurden Messungen gemacht, zur Konstruktion der Karte wurden noch weitere Stationen an den Küsten der Adria benutzt.

Balatonsee (Plattensee); 1901, August 1; H (0.0005), D (5'), I (5'), X (0.0005), Y (0.0005), F (0.0005); (1:750000); L. Steiner, Erdmagnetische Messungen in der Umgebung des Balatonsees ausgeführt im Sommer 1901. Budapest 1902. 4⁰. 29 S. (S.-A. Result. d. wiss. Erforschung d. Balatonsees. I. Bd., 1. T., III. Sect.).

Küsten der Adria; 1850,0; D (1⁰), I (1⁰), H (0.1 G. E.), F (0.04 G. E.); (1:4200000); Karl Kreil, Magnetische und geographische Ortsbestimmungen an den Küsten des Adriatischen Golfes. 4⁰. 46 S., 1 Taf. (Denkschr.. d. math.-naturw. Cl. d. Wiener Ak. d. Wiss. Bd. X, 1855).

Adria; 1872; D (10'); 1:2600000; Diamilla Muller, Della necessità di determinare con osservazioni dirette le linee isogoniche nei mari italiani. Milano 1872. Fol. 12 S., 2 Bl., 3 Tafeln.

Der Verf. stellt den Verlauf der Isogonen zuerst nach den italienischen und sodann nach den österreichischen Beobachtungen dar.

Adria; 1890,0; D (0.5⁰), I (1⁰), H (0.005); (1:2225000); Franz Laschober und Wilhelm Kesslitz, Magnetische Beobachtungen an den Küsten der Adria in den Jahren 1889 und 1890 auf Anordnung des k. und k. Reichs-Kriegs-Ministeriums (Marine-Section) ausgeführt und berechnet. Pola 1892. 4⁰. 77 S., 1 Tafel (Beilage zu den „Mittheilungen aus dem Gebiete des Seewesens").

Beobachtet wurde an 40 Punkten der österreichischen, italienischen und türkischen Küsten der Adria.

Adria; 1907,0; D (15'); (1:3750000); W. Kesslitz, Bestimmungen der magnetischen Deklination im österreichisch-ungarischen Küstengebiete. Pola 1907. Fol. 30 S., 1 Taf. (Veröffentlichungen d. Hydrographischen Amtes d. k. u. k. Kriegsmarine in Pola. Gruppe IV. Erdmagnetische Reisebeobachtungen. IV. Heft).

Im Karton Linien gleicher Säkularvariation der Deklination für 1908, 5.

Rußland.

Gebiet von Orenburg; 1830 und 1870 D (1⁰), I (1⁰), H (0.1 G. E.); 1:3000000; Al. Tillo, Terrestrial Magnetism of the Country of Orenburg (1830—1870). With a map of magnetic lines, for 1830, from observations made by Pr. Hansteen and L. Due, and for 1870, from observations made by Col. A. Tillo and A. Ovodoff (Text in Russian language). St. Petersburg 1872. 4⁰. 2 Bl., 65 S., 1 Tafel.

25 Stationen für 1870.

Kaspisches Meer; 1862; D (5'), I (10'), H (0.01 G. E.); (ca. 1:1700000); Hydrographische Durchforschung des Kaspischen Meeres ausgeführt unter Leitung des Kontre-Admirals N. Iwaschinzow. Erdmagnetismus. Magnetische Beobachtungen am Ufer des Kaspischen Meeres in den Jahren 1858—67. (In russischer Sprache). St. Petersburg 1870. 4⁰. 2 Bl., 355 S., 61 Tafeln.

Die Karten sind von Leutnant Puschtschin entworfen und wurden auf starkem Papier auch gesondert ausgegeben

Rußland; 1880,0; D (1⁰), I (1⁰); 1:7350000; Al. von Tillo, Über die geographische Verteilung und säculare Änderung der Declination und Inclination im Europäischen Rußland. St. Petersburg 1881. gr. 4⁰. 1 Bl., 82 S., 4 Tafeln. (In deutscher u. russischer Sprache). (Repert. f. Meteorologie, Bd. VIII, No. 2).

Karten kleineren Maßstabes enthalten die Isogonen und Isoklinen für 1842, 5 (nach Sabine) und 1880, 0, sowie Linien gleicher Säkularvariation von D und I für die Mitte des 19. Jahrhunderts.

Rußland; 1880,0; H, F (0.1 G. E.); 1:7350000; Al. von Tillo, Über die geographische Verteilung und säculare Änderung der erdmagnetischen Kraft im Europäischen Rußland. St. Petersburg 1885. 4⁰. 1 Bl., 78 S., 3 Taf. (In deutscher u. russischer Sprache). (Repert. f. Meteorologie, Bd. IX, No. 5).

Beigegeben sind Karten mit den Linien gleicher Säkularänderung der Horizontal- und der Totalintensität.

Kaspisches Meer; 1881; D (10'), I (20'), H (0.02 G. E.); (1 : 3000000); Rykatchew, Nouvelles cartes magnétiques de la Mer Caspienne. St. Petersburg 1885. 4⁰. 1 Bl., 56 S., 3 Taf. (Repert. f. Meteorologie, Bd. IX, No. 6).

Ostsee (östlicher Teil); 1889, 5; D ($^1/_4{}^0$); (ca. 1 : 2600000); M. Schdanko, Magnetische Karte mit Linien gleicher Abweichung des Baltischen Meeres für die Epoche 1889, 5 (In russischer Sprache). (Morskoj Sbornik, Bd. 238, No. 8, S. 1—16, 1 Taf., St. Petersburg 1890. 8⁰).

Nach Beobachtungen von 1875—1889 konstruierte, aber rechnerisch ausgeglichene Kurven.

Schwarzes und Asowsches Meer; 1891,0; D ($^1/_4{}^0$); (ca. 1:2000000); M. Schdanko, Magnetische Karte mit Linien gleicher Abweichung des Schwarzen und Asowschen Meeres für die Epoche 1891,0. (In russischer Sprache). (Morskoj Sbornik, Bd. 242, No. 3, S. 13—40, 1 Taf., St. Petersburg 1891. 8⁰.)

Ostsee (östlicher Teil); 1901,5; D ($^1/_4{}^0$); (ca. 1:2500000); Zotow, Erläuterung zur neuen Karte der Isogonen des Baltischen Meeres nach Beobachtungen in den Jahren 1888 und 1889 (In russischer Sprache). (Morskoj Sbornik, Bd. 305 No. 7. S. 97—112, 1 Taf., St. Petersburg 1901. 8⁰.).

Wahre Isogonen.

Umgebung von Helsingfors; Störungen von I und H; 1:200000; C. A. Alenius, Om jordmagnetismens fördeling i omgifningen af Helsingfors (Fennia Bd. 22, Helsingfors 1904—1905. 8⁰. 18 S., 1 Karte).

Jussar-ö, Störungsgebiet von —; 1861; R. Lenz, Untersuchung einer unregelmäßigen Vertheilung des Erdmagnetismus im nördlichen Theile des Finnischen Meerbusens. St. Petersburg 1862. 4⁰. 1 Bl., 38 S., 3 Taf. (Mém. d. l'Acad. Imp. d. Sci. de St. Pétersbourg, VIIᵉ Série, T. V. No. 3).

Vergl. auch: Die magnetischen Verhältnisse des Finnischen Meerbusens mit besonderer Berücksichtigung der örtlichen Ablenkung des Compasses bei Jussar-ö (Annal. d. Hydrogr. 1877, S. 75—83, mit 3 Tafeln).

Jussar-ö und Moskau; 1893/94; H. Fritsche, Observations magnétiques sur 509 lieux faites en Asie et en Europe pendant la période de 1867—1894. Avec 3 cartes des anomalies magnétiques près de Joussar-oe et de Moscou. St. Pétersbourg 1897. 8⁰. 1 Bl., 41 S.

Eine »Karte der magnetischen Anomalie in der Nähe der Insel Jussar-ö« gab Fritsche schon in seiner Schrift: Ueber die Bestimmung der geogr. Länge und Breite und der drei Elemente des Erdmagnetismus. . . . St. Petersburg 1893. 8⁰. 2 Bl., 109 S., 4 Tafeln.

Jussar-ö; 1898 Mai; Störungen von Z; 1:2000; A. F. Tigerstedt, Magnetiska undersökningar i trakten af Jussarö (Fennia Bd. 14 No. 8, Helsingfors 1897—99. 8⁰. 19 S., 5 Taf.).

Mit Resumé in deutscher Sprache; im geschichtlichen Teil erwähnt der Verf., daß diese magnetische Anomalie schon frühzeitig den Seeleuten bekannt war und in Waghenaer's Seespiegel (Anfang des XVII. Jahrhunderts) durch ein mit Punkten umgebenes Kreuz und das Wort Zeilsteen gekennzeichnet ist.

Wie ich in meinen »Neudrucken« (No. 10, Einleitung S. 13) nachgewiesen habe, wurde zum ersten Mal 1538 von João de Castro ein magnetisches Störungsgebiet nachgewiesen, und zwar an der Westküste von Indien.

Krivoi-Rog; 1898; Spezialkarten der magnetischen Störungen im Minengebiet von Krivoi-Rog (Gouvern. Jekaterinoslaw); P. Passalsky, Anomalies magnétiques dans la région des mines de Krivoi-Rog. Odessa 1901. 4⁰. 1 Bl., 17 Tafeln.

Es ist diese Schrift nur ein kleiner von B. Weinberg besorgter Auszug aus des Verfassers unvollendet gebliebenen posthumen Werk (in russ. Sprache): Ueber das Studium der Verteilung der Magnetismus auf der Erdoberfläche. Odessa 1901. 8⁰. 1 Bl., 547 S., 17 Tafeln.

Messungen von 406 Punkten.

Kursk; 1896 Juli 1; Karten des magnetischen Störungsgebietes bei Kursk; Th. Moureaux, Déterminations magnétiques faites en Russie dans le gouvernement de Koursk sous les auspices de la Société Impériale Russe de Géographie en 1896. St. Pétersbourg 1898. 8⁰. XV, 24 S., 2 Tab., 2 Karten (Mem. d. l. Soc. Imp. Russe d. Géogr., Sect. d. Géogr. Gén., Tome XXXII, No. 3).

Messungen an 149 Punkten.

Umgebung von Moskau; 1893,5; Spezialkarten der magnetischen Störungen; H. Fritsche, Die magnetischen Localabweichungen bei Moskau und ihre Beziehungen zur dortigen Local-Attraction. 8⁰. 39 S., 5 Tafeln (S.-A. Bull. d. l. Soc. Impér. des Naturalistes de Moscou, 1893, No. 4).

Umgebung von Odessa; ca. 1882; D (1⁰); (ca. 1:400000); Maydell, Über die magnetische Anomalie in der Umgebung von Odessa. 8⁰. 6 S., 1 Tafel (S.-A. Morskoj Sbornik 1883 No. 3). (In russischer Sprache.)

Schweden.

Mittel-Schweden; 1870; H (0.01 G. E.); (1:830.000; Robert Thalén, Jordmagnetiska bestämningar i Sverige, under åren 1869—1871. Stockholm 1872. 4⁰. 80 S., 2 Taf.

Mittel-Schweden; 1882; H; (1:1500000); Rob. Thalén, Jordmagnetiska bestämningar i Sverige under åren 1872—1882. Stockholm 1883. 4⁰. 66 S., 1 Taf. (Kongl. Svenska Vetenskaps-Akademiens Handlingar. Bd. 20 No. 3).

Süd-Schweden; 1886,6; D (10'), H (0.001), I (10'); (1:2000000); V. Carlheim-Gyllensköld, Détermination des éléments magnétiques dans la Suède Méridionale. Stockholm 1889. 4⁰. 102 S., 1 Bl., 4 Taf. (Kongl. Svenska Vetenskaps-Akademiens Handlingar. Bd. 23 No. 6).

Terrestrische magnet. Linien. Auf Taf. IV sind die lokalen störenden Kräfte nach Richtung und Größe dargestellt. Verf. bestimmte 1886 die drei magnet. Elemente an 58 Stationen in Östengötland, Småland, Öland und Blekinge.

Süd-Schweden; 1892 Sept. 1; H (0.002), D (1⁰), I (20'); (1:3000000); V. Carlheim-Gyllensköld, Mémoire sur le magnétisme terrestre dans la Suède Méridionale. Stockholm 1895. 4⁰. 93 S., 5 Taf. (Kongl. Svenska Vetenskaps-Akademiens Handlingar. Bd. 27 No. 7).

Wahre isomagnetische Linien gezeichnet auf Grund der eigenen Messungen an etwa 200 Stationen sowie einiger älterer. Taf. IV veranschaulicht in blau und rot die »densité superficielle du magnétisme local« und Taf. V enthält die Linien gleichen Potentials für 1892 Sept. 1.

Kiirunavaara, Karten des Störungsgebietes bei . . . . im schwedischen Lappland; (1:28000); V. Carlheim-Gyllensköld, Sammanfattning af hufvudresultaten af magnetiska undersökningar vid Kiirunavaara malmfält i Norrbottens län utförda under åren 1900—1905. O. O. u. J. 4⁰. 4 S., 4 Taf.

Schweiz.

Schweiz; 1892,0; D (10'), I (10'), H (0.001); (1:850000); Angelo Battelli, Carta magnetica della Svizzera. 4⁰. 4 S., 2 Taf. (S.-A. Annal. dell' Ufficio Centr. di Meteorologia, vol. XIV, pte. I, Roma 1893).

Nach des Verfassers Messungen an 70 Orten in den Jahren 1888—1892.

Spanien und Portugal.

Spanien und Portugal; 1849—1860; D (1⁰), H (0.05 G. E.), I (1⁰); (1:8250000); J. Lamont, Untersuchungen über die Richtung und Stärke des Erdmagnetismus an verschiedenen Puncten des Südwestlichen Europa . . . . München 1858. 4⁰. 198, CXV S., 13 Taf.

An 28 spanischen und 1 portugiesischen Station wurden Messungen gemacht. D bezieht sich auf 1859 Januar, H auf 1849 Juli, I auf 1860 Juni.

Iberische Halbinsel; 1879,5 und 1893,0; D (1⁰); (1:7²/₃ Mill.); Rafael Pardo de Figueroa, Compensación de declinaciones magnéticas en la Península Ibérica. Madrid 1895. gr. 8⁰. 87 S., 1 Taf., 1 Bl.

Schematisch verschobenes geradliniges Isogonensystem für 1879,5 und 1893,0.

AFRIKA.

Afrika, Gewässer um; ca. 1793; D (1⁰); (1:37000000); Chart of the lines of magnetic variation in the seas round Africa, James Rennell, May 18th 1798. Enthalten in: Travels in the interior districts of Africa performed under the patronage of the African Association in the years 1795, 1796, and 1797. By Mungo Park. With an appendix, containing geographical illustrations of Africa. By Major Rennell. London 1799. 4⁰. XXVIII, 372, XCII S., viele Kupfer und Karten.

Die magnetischen Karten finden sich auch in späteren Ausgaben dieses Werkes, z. B.: London 1816. 2 Bde. 4⁰, und in etwas verkleinertem Maßstabe in Zach's Allgem. geograph. Ephemeriden IV, 1799, 2. Stück (nebst zugehörigem Text).

Portugiesisches Westafrika; 1879; D (1⁰), I (1⁰), F (0.1 E. E.); (ca. 1:7 Mill.); Capello e Ivens, Carta magnetica, in der Verfasser Werke: De Benguella ás Terras de Iácca. Lisboa 1881. 2 Bde. 8⁰. (Bd. II, S. 352).

Die Karte reicht von etwa 6⁰—16⁰ S. Br. und 12⁰—20⁰ E. Lge. Die Kurven haben einen ganz glatten Verlauf!

Aegypten; 1893—95; D (10'), I (1⁰); (ca. 1:7000000); H. G. Lyons, Magnetic observations in Egypt, 1893—1901 (Proc. R. Soc. LXXI, 1902—3, S. 1—25).

Rotes Meer; 1897,0; D (10'), H (0.001), Z (0.005), I (1⁰), X (0.001), Y (0.001); (1:6000000); Carl Rössler, Expedition S. M. Schiff „Pola" in das Rothe Meer. Südliche Hälfte (September 1897 — März 1898). Wissenschaftliche Ergebnisse. XIII. Magnetische Beobachtungen ausgeführt von —. Wien 1899. 4⁰. 36 S., 6 Tafeln (S.-A. Denkschr. d. math.-naturw. Cl. der Kais. Akad. d. Wiss. Bd. LXIX).

Mauritius, Umgebung des Royal Alfred Observatory auf . . . . ; 1899; D; Thomas Folkes Claxton, Preliminary report on a survey of magnetic declination near the Royal Alfred Observatory, Mauritius (Proc. R. Soc. London, A, vol. 76, S. 507—511).

Südafrika; 1903 Juli 1; D ($^1/_2$⁰), I ($^1/_4$⁰), H (0.001), F (0.002), Z (0.002), X (0.002), Y (0.001); (ca. 1:4^2,$_3$ Mill.); J. C. Beattie, Report of a magnetic survey of South Africa. London 1909. 4⁰. IX, 235 S., 9 Karten.

An 405 Stationen, deren Verteilung auf Taf. I veranschaulicht wird, wurden Messungen in den Jahren 1898 bis 1906 gemacht. Die Verarbeitung schließt sich eng an die von Rücker und Thorpe an. Die Karten enthalten wahre magnetische Linien.

Nordost-Afrika; 1906,0; D (1⁰), I (5⁰), H (0.01); 1:2500000; B. F. E. Keeling, Magnetic observations in Egypt 1895—1905, with a summary of previous magnetic work in Northern Africa. Cairo 1907. 8⁰. 65 S., 4 Taf. (Survey Department Paper, No. 6).

AMERIKA.

Nordamerika.

Nordamerika, Meere um; ca. 1630; D (1⁰); (1:20000000); Charles A. Schott, The value of the „Arcano del Mare" with reference to our knowledge of the magnetic declination in the earlier part of the seventeenth century (U. S. Coast and Geodetic Survey. Bulletin No. 5, 1888, 4 S., 2 Taf.).

Schott gibt der Epoche eine Unsicherheit von ca. 15 Jahren.

Westküste der Vereinigten Staaten; 1783; D (1⁰); (1:7000000); Charles A. Schott, The secular variation of the magnetic declination in the United States and at some foreign stations (sixth edition, April 1887). (Appendix No. 12 — Report for 1886 of the Coast & Geodetic Survey. Washington 1887. 4⁰. S. 291—407, Tafel 30).

Arktisches Nordamerika; ca. 1822; I (1⁰); (ca. 1:74000000); Chr. Hansteen, Forsög til et magnetisk haeldingskart, konstrueret efter iagttagelserne paa de seneste Engelske Nordvest-Expeditioner under Capitainerne Ross og Parry (Magaz. f. Naturvidenskaberne V. Bd. Christiania 1825. 8⁰., S. 203—212; deutsch in Poggend. Annal. IV, 1825, S. 277—286).

Eine andere kartographische Darstellung der »Neigungslinien um den nördlichen Amerikanischen Convergenz-Punkt« hatte der Verf. schon im 71. Bd. von Gilbert's Annal. d. Phys., 1822, Taf. III gegeben; Text auf S. 273—290.

Vereinigte Staaten; 1838; D (1⁰), I (5⁰); (ca. 1:11000000); Elias Loomis, On the variation and dip of the magnetic needle in different parts of the United States (Silliman's Americ. Journ. of Sci. a. Arts, XXXIV, 1838, S. 290—309, pl. 6).

Die Karte reicht nur bis etwa 95⁰ W. Lge. v. Greenw. Die isomagnetischen Linien sind auf Grund eines natürlich noch recht ungleichwertigen Materials aus sehr verschiedenen Epochen gezeichnet. Der Text enthält eine beachtenswerte Sammlung alter D- und I-Beobachtungen.

Vereinigte Staaten; 1840; D (1⁰), I (1⁰); (ca. 1 : 11000000); Elias Loomis, On the variation and dip of the magnetic needle in the United States (Silliman's Americ. Journ. of Sci. a. Arts, XXXIX, 1840, S. 41—50, pl. 2).

Eine verbesserte Ausgabe der Karte von 1838 auf Grund weiteren gesammelten Beobachtungsmaterials. Die Isoklinen sind wegen Mangels an Messungen in den Südstaaten nicht gezeichnet.

Pennsylvanien; 1842; D (1⁰), I (1⁰), H (0.2 E. E.), F (0.05 E. E.); (1 : 3000000); A. D. Bache, Records and Results of a Magnetic Survey of Pennsylvania and parts of adjacent states in 1840 and 1841, with some additional records and results of 1834—35, 1843 and 1862, and a map. (Washington 1863). 4⁰. 82 S., 1 Taf. (Smithsonian Contributions to Knowledge, 166).

16 Stationen für D, 48 für I und H; die Isogonen sind auch für 1862 eingezeichnet.

Dieselbe Karte auch im Report Coast Survey 1862, Append. 19, S. 212—229, pl. 47, Washington 1864. 4⁰.

Mittlerer und östlicher Teil der Vereinigten Staaten; 1844; F (w. E.); (1 : 7000000); John Locke, Observations made in the years 1838, '39, '40, '41, '42 and '43, to determine the magnetical dip and the intensity of magnetical force, in several parts of the United States (Trans. Americ. Philos. Soc., new series, vol. IX, 1846, S. 283—328, pl. 43—46).

Nördlicher Teil von Nordamerika; 1844; F (0.1 w. E.), I (1⁰); (ca. 1 : 8800000); Edward Sabine, Contributions to Terrestrial Magnetism, No. VII (Philos. Trans. 1846, S. 237—336, 2 Taf.).

Kanada; 1844; D (5⁰), I (1⁰), F (0.5 E. E.); (1 : 6320000); J. H. Lefroy, Diary of a magnetic survey of a portion of the Dominion of Canada chiefly in the North-Western Territories executed in the years 1842—1844. London 1883. 8⁰. XXIV, 192 S., 1 Bl., 4 Tafeln.

Mit Spezialkarten für die nordwestlichen und südöstlichen Teile des Gebietes. Beim Zeichnen der Kurven sind auch die späteren (1858—1861) Messungen von Haig verwertet und Sabine's Isoklinen (Contributions to Terr. Magn. XIII, 1872).

Vereinigte Staaten; 1850; D (1⁰); 1 : 15000000; Table of magnetic declinations, observed in the Coast Survey, with notes by A. D. Bache and J. E. Hilgard, accompanied by a map (Report Coast Survey 1855, Append. 47, S. 295—306, pl. 56. Washington 1856. 4⁰).

Die Isogonen sind nur längs den Küsten gezeichnet; von 153 Stationen lagen Beobachtungen vor.

Vereinigte Staaten; 1850; D (1⁰), I (1⁰), H (0.5 w. E.); 1 : 20000000; On the general distribution of terrestrial magnetism in the United States, from observations made in the U. S. Coast Survey and others: by A. D. Bache and J. E. Hilgard (Report Coast Survey 1856, Append. 27, S. 209—225, pl. 61 u. 62. Washington 1856. 4⁰).

Die isomagnetischen Linien reichen nun schon ein wenig mehr ins Land hinein als auf der vorigen Karte für dieselbe Epoche.

Britisch Columbia; 1858—61; D (1⁰), I (1⁰), F (0.1 E. E.); (ca. 1 : 3100000); R. W. Haig, Account of magnetic observations made in the years 1858—61 inclusive, in British Columbia, Washington Territory, and Vancouver Island (Philos. Trans. 1864, S. 161—166, pl. III).

Atlantische und Golf-Küsten der Vereinigten Staaten; 1860; D (½⁰); 1 : 8000000; New discussion of the distribution of the magnetic declination on the coast of the Gulf of Mexico, with a chart of the isogonic curves for 1860. By Charles A. Schott (Report Coast Survey 1861, Append. 23, S. 251—256, pl. 30. Washington 1862. 4⁰.) und: New discussion of the distribution of the magnetic declination on the coast of Virginia, North Carolina, South Carolina, and Georgia, with a chart of the isogonic curves for 1860. By Charles A. Schott (Derselbe Report, App. 24, S. 256—259).

Vereinigte Staaten; 1870; D (1⁰); (1 : 10000000); Distribution of the magnetic declination on the coast and ports of the interior of the United States, accompanied by a chart of the isogonic lines for the epoch 1870, and a small chart of isomagnetic lines of equal annual change. By Charles A. Schott (Report U. S. Coast Survey 1865, Append. 19, S. 174—176, pl. 27 u. 28. Washington 1867. 4⁰).

Vereinigte Staaten; 1875; D (1⁰); 1 : 7000000; J. E. Hilgard, On a chart of the magnetic declination in the United States. Washington 1879. 4⁰. 4 S., 1 Taf. (U. S. Coast and Geod. Survey. Report of 1876. Appendix No. 21).

Die erste Isogonenkarte von dem ganzen Gebiet der Vereinigten Staaten.

Iowa; 1878; D (1⁰); (1:8000000); G. Hinrichs, Report of the Iowa Weather Service for the year 1878. De Moines 1880. 8⁰. Plate I.

An 12 Stationen wurden im Juli und August 1878 von Hinrichs Messungen gemacht.

Iowa und Missouri; 1879; D (30'—1⁰); (ca. 1:4350000); Francis E. Nipher, Report on magnetic determinations in Missouri, summer of 1879 (Trans. St. Louis Acad. Science, vol. IV, No. 1, St. Louis, Mo. 1880, S. 121—144, 1 Taf.).

Vereinigte Staaten; 1885; D (1⁰); (ca. 1:4170000); Distribution of the magnetic declination in the United States at the epoch January, 1885, with three isogonic charts. By Charles A. Schott (Report U. S. Coast and Geod. Survey 1882, Append. 13, S. 277—328, pl. 31—33. Washington 1883. 4⁰).

Eine Isogonenkarte ungewöhnlich großen Maßstabes in 2 Blättern und eine spezielle Isogonenkarte (1:13700000) von Alaska. Die große Karte beruht auf Messungen an 2359 Orten und berücksichtigt im Verlauf der Kurven auch die Störungen. Schott's »erste« Isogonenkarte.

Vereinigte Staaten; 1885,0; I (1⁰), H (0.25 E. E.), F (0.50 E. E.); 1:7000000; Charles A. Schott, The geographical distribution and secular variation of the magnetic dip and intensity in the United States (Appendix No. 6 — Report for 1885 of the Coast & Geodetic Survey).

Zugrunde liegen die Messungen der Inklination an 1999 Stationen und der Intensität an 1523 Stationen.

Vereinigte Staaten; 1890; D (1⁰); 1:7000000; The distribution of the magnetic declination in the United States for the epoch 1890. By Charles A. Schott (Report U. S. Coast and Geod. Survey 1889, Append. 11, S. 233—402, pl. 25, 26, 27. Washington 1890. 4⁰).

Auf pl. 26 auch die Isogonen in Alaska im Maßstabe 1:13700000 und auf pl. 27 (1:10000000) magnetische Meridiane. Zweite Ausgabe der Schott'schen Isogonenkarte.

Alaska; 1890,0; D (1⁰); 1:13700000; Charles A. Schott, Results of magnetic observations at stations in Alaska and in the Northwest Territory of the Dominion of Canada. 8⁰. (U. S. Coast and Geodetic Survey, Report for 1892, pt. II, S. 529—533, pl. 35).

35 Stationen liegen zu Grunde. Isogonenkarten von Alaska für die Epochen 1885, 1890, 1900, 1902 findet man bei den für dieselben Epochen vorhandenen Isogonenkarten der Vereinigten Staaten von Nordamerika.

Alaska; 1895; D (1⁰); 1:13700000; C. A. Schott, Distribution of the magnetic declination in Alaska and adjacent waters for the year 1895, and construction of an isogonic chart for the same epoch (U. S. Coast and Geodetic Survey. Report for 1894, part II, Appendix No. 4, S. 89—100, pl. 2 u. 3).

Auch als »Bulletin No. 34« der Coast and Geod. Survey erschienen (Washington 1895. 8⁰. 4 Bl., 1 Karte).

Vereinigte Staaten; 1900,0; D (1⁰); 1:7000000; Charles A. Schott, Distribution of the magnetic declination in the United States for the epoch January 1, 1900 (Appendix No. 1 — Report for 1896 of the Coast Geodetic Survey, pt. II, S. 147—235).

Beigegeben ist eine Isogonenkarte von Alaska im Maßstab 1:13700000.

Dritte Ausgabe der Schott'schen Isogonenkarte, auf Grund von Messungen an 3591 Stationen.

Vereinigte Staaten; 1900,0; I (2⁰), H (0.02 G. E.), F (0.02 G. E.); 1:7000000; Charles A. Schott, Distribution of the magnetic dip and magnetic intensity in the United States for the epoch January 1, 1900 (Appendix No. 1 — Report for 1897 of the Coast Geodetic Survey, S. 159—196, 3 Tafeln).

Zweite Ausgabe der zuerst für 1885,0 konstruierten Karten auf Grund von 1641 Stationen, von denen 1271 in den Vereinigten Staaten liegen.

Vereinigte Staaten; 1900; D (1⁰); (1:7000000); Henry Gannett, Magnetic Declination in the United States. Washington 1896. gr. 8⁰ (S.-A. 17th Annual Report of the Geolog. Survey, 1895—96, Part I, Director's Report and other Papers, S. 203—440, 1 Tafel).

Im Vergleich zur gleichzeitigen Schott'schen Karte erscheinen die Kurven regelmäßiger in ihrem Verlauf.

Der Verf. verwertete die älteren Deklinationsmessungen, die sich im Archiv des »General Land Office« aufbewahrt finden.

Maryland; 1900,0; D (0.5⁰), I (0.25⁰), H (0.0025); 1:1250000; L. A. Bauer, Second Report on Magnetic Work in Maryland. Baltimore 1902. 8⁰. (Maryland Geological Survey. Special Publication, vol. V, pt. I, S. 23—98, pl. II—V).

Beigegeben ist (pl. III) eine detailliertere Isogonenkarte des Störungsgebietes von Gaithersburg, Md., sowie eine Isogonenkarte für die Epochen 1700 und 1800.

Der »First Report« derselben Publikation (Baltimore 1897. 8⁰. Spec. Public., vol. I, pt. V) enthielt schon vorläufige Karten für D, I und H.

Garrett County (Maryland); 1900, 0; D (¹/₄⁰); (ca. 1 : 370000); L. A. Bauer, The magnetic declination in Garrett County (Maryland Geological Survey. Garrett County. Baltimore 1902. 8⁰. S. 291—301, 1 Taf.).

Bauer scheint auch eine Isogonenkarte von Louisiana veröffentlicht zu haben (Bull. Geol. Survey Louisiana, Buton Rouge, No. 2, 1905), die ich aber nicht einsehen konnte.

Vereinigte Staaten; 1902,0; D (1⁰) und Säkularvariation von D (1'); (1 : 7000000); L. A. Bauer, United States magnetic declination tables and isogonic charts for 1902 and principal facts relating to the Earth's Magnetism. Washington 1902. gr. 8⁰. 405 S., 10 Taf., 2 Karten.

Die zweite Karte kleineren Maßstabes (1 : 13700000) enthält die Isogonen für Alaska.

Die große Isogonenkarte erschien auch besonders auf starkem Papier: Washington, Febr. 1902; dann in obiger Publikation, die 1903 eine zweite Auflage erlebte, ein Beweis für das große Bedürfnis in Nordamerika nach einer Isogonenkarte.

Die Beobachtungen an etwa 5000 Punkten in den Ver. Staaten und Nachbarländern liegen der Karte zu Grunde.

Vereinigte Staaten; 1905, 0; D (1⁰); (1 : 7000000); L. A. Bauer, Distribution of the magnetic declination in the United States for January 1, 1905. With isogonic chart and secular change tables. Washington 1906. 8⁰. (Coast and Geodetic Survey. Report for 1906. Appendix No. 4, S. 213—226, 1 Taf.).

Enthält auch Linien gleicher Säkularvariation. Diese Isogonenkarte auf Grund von 3500 gut verteilten Beobachtungsstationen innerhalb der Vereinigten Staaten selbst erscheint in verbesserter Gestalt in der folgenden Publikation:

Vereinigte Staaten; 1905, 0; D (1⁰), I (1⁰), H (0.01), Z (0.01), F (0.01); 1 : 7000000; Magnetische Meridiane, 1 : 10000000; Kurven der Säkularvariation von D und H, 1 : 7000000; L. A. Bauer, United States Magnetic Tables and Magnetic Charts for 1905. Washington 1908. 8⁰. 154 S., 2 Bl., 7 Tafeln (Coast and Geodetic Survey).

Das umfangreichste magnetische Kartenwerk über die Vereinigten Staaten. Die Messungen an 3311 Stationen in den Vereinigten Staaten und an 838 Stationen in den Nachbargebieten liegen zu Grunde.

Die Karten für D, I, H enthalten auch Linien gleicher Säkularvariation.

Bermudas Inseln; 1873; Linien gleicher Störung von D und I; E. W. Creak, On local magnetic disturbance in islands far from a continent (Proc. R. Soc. London, vol. XL, 1886, S. 83—93, 1 Taf.).

Bermudas Inseln; 1880 (?); Störungskarten für D, I, H; (1:96000); Report on the Scientific Results of the Voyage of H. M. S. Challenger during the years 1873—76. . . . . Physics and Chemistry. Vol. II, Part VI. Report on the magnetic results by Staff-Commander E. W. Creak. London 1889. 4⁰. 2 Bl., 18 S., 5 Tafeln.

Auf Plate I.

Südamerika.

Südamerika, Meere um; 1713; D (5⁰); (ca. 1 : 185000000); Tafel I in: Frézier, Relation du voyage de la Mer du Sud aux côtes du Chily et du Pérou fait pendant les années 1712, 1713 & 1714 . . . Paris 1716. 4⁰. XIV, 298 S., 1 Bl., 37 Taf.

Südamerika; 1799—1803; F, (A. v. Humboldt's isodynamische Zonen); Sur les variations du magnétisme terrestre à différentes latitudes, par MM. Humboldt et Biot. Lu par M. Biot à la classe des sciences mathématiques et physiques de l'Institut national, le 26 frimaire an 13. 4⁰. 24 S., 1 Tab., 2 Taf.

Erster Versuch einer Karte der magnetischen Isodynamen (»Décroissement de l'Intensité des forces magnétiques«). Reproduziert in No. 4 meiner »Neudrucke«, vgl. daselbst Einleitung S. 14.

Peru (und Nachbargebiete); 1869; D (1⁰); (ca. 1 : 7500000); Manuel Rouaud y Paz-Soldan, Ensayo de una teoria del magnetismo terrestre en el Peru. Lima 1869. 8⁰. 42 S., 1 Tafel.

Ost-Brasilien; 1883; I (1⁰), D (1⁰), H (0.05 E. E.); (ca. 1 : 375000); van Ryckevorsel and E. Engelenburg, Magnetic Survey of the Eastern Part of Brazil. Published by the

Royal Academy of Sciences at Amsterdam. Amsterdam 1890. 4°. 2 Bl., 166 S., 5 Tafeln.

131 Stationen mit Messungen aus den Jahren 1880—1885.

Brasilien; 1900; D (5°); (1 : 26000000); Repartição da carta maritima, Directoria de Meteorologia, Rio de Janeiro. Boletim das medias, maximas e minimas absolutas meteorologicas e dos rezultados magneticos obtidos no mez de fevereiro de 1900. Chefe da carta maritima Joaquim Antonio Cordovil Maurity, director de meteorologia Americo Silvado. Anno V, N. 2. Rio de Janeiro 1900. 4°. 4 Bl.

Die Isogonenkarte erscheint von da ab monatlich auf der letzten Seite des Boletim bis zum Januar 1902, wo die für die Epoche 1902 geltende an ihre Stelle tritt. Vom Januar 1905 wird diese ersetzt durch folgende:

Brasilien; 1904,0; D (2°—3°); (1 : 14500000); Repartição da carta maritima, Directoria de Meteorologia, Rio de Janeiro. Boletim das observações meteorologicas a 0^h_m de Greenwich ($9^h 07^m_s$. t. m. de Rio) e dos rezultados magnéticos obtidos no mez de Janeiro de 1905. Chefe da carta maritima Jozé Candido Guillobel, director de meteorologia Américo Silvado. Anno X, N. 1. Rio de Janeiro 1905. 4°. 14 Bl.

Diese Isogonenkarte wird auf der letzten Seite des Boletim bis jetzt monatlich wiederholt.

Brasilien; 1904,0; D (2°—3°), I (2°—6°), H (stark wechselnd); (1 : 14500000); Relatório geral da primeira commissão magnética Brazileira aprezentado pelo . . . Américo Brazilio Silvado e seguido de um annexo sobre o serviço chronométrico organizado pelo . . . Carlos Agostinho de Castro. 1903—1904. Rio de Janeiro 1909. 8°. IX, 385 S., 5 Tafeln.

Messungen wurden in den Jahren 1903 und 1904 an 26 Stationen gemacht.

Argentinien; 1908 Januar; D (1°); (1 : 14000000 Aeq.-M.); 1 Bl. 29.5 × 43.5 cm mit der Aufschrift: Declinación magnetica - Época: Enero de 1908. República Argentina. Ministerio de Agricultura. Oficina Meteorológica Argentina. Gualterio G. Davis, Director.

Ganz glatt verlaufende Kurven.

ASIEN.

Ostindischer Archipel; 1846; D (5') und I (1°), H und F (0.1 E. E.); (1 : 6000000); C. M. Elliot, Magnetic Survey of the Eastern Archipelago (Trans. of the R. Soc. of London for 1851, pt. I, S. 287—331 u. I—CLVII, plates V—XIII).

Kleinasien; 1850; vgl. Südost-Europa, 1850, o.

Indien; 1854—1857; D (10'), I (1°), F (0.25 E. E.); 1:8000000; Hermann, Adolphe, and Robert de Schlagintweit, Results of a scientific Mission to India and High Asia, undertaken between the years MDCCCLIV, and MDCCCLVIII, by order of the Court of Directors of the Honourable East India Company. Volume I. Leipzig & London 1861. 4°. XII S., 2 Bl., 494 S., 1 Bl., 3 Taf.

Die magnetischen Karten (Blätter von 94 × 63 cm Größe) befinden sich als »Physical Maps« No. 1—3 im zugehörigen Atlas, der nur wenigen Erdmagnetikern zu Gesichte gekommen sein dürfte.

Nördliches China; 1869; D (0.5°), I (1°), F (0.2); (1 : 6000000); H. Fritsche, Geographische, magnetische und hypsometrische Bestimmungen an zweiundzwanzig in der Mongolei und dem nördlichen China gelegenen Orten, ausgeführt in den Jahren 1868 und 1869 (Repert. f. Meteorologie II, 1872, 40 S., 1 Tafel).

Die isomagnetischen Linien sind z. T. nach der Theorie gezeichnet.

Niederländisch Indien; 1876, o; I (1°), H (0.02 E. E.), D (2'); (1 : 5920000); van Rijckevorsel, Report to His Excellency the Minister for the Colonies, on a Magnetic Survey of the Indian Archipelago, made in the years 1874—1877. 4°. 3 Teile. Part the first: 35 S., 1 Taf. (Natuurk. Verh. der Koninkl. Akademie, deel XIX); Part the second: 42 S., 1 Taf. (Ebenda, deel XX); Part the third: 45 S., 1 Taf. (Ebenda, deel XX).

Nordsibirien; 1880; vgl. Nord-Europa und Asien, 1880.

Japan; (1882/83); D (0.5°), I (1°), H (0.05 G. E.); 1 : 2400000; Edmund Naumann, Die Erscheinungen des Erdmagnetismus in ihrer Abhängigkeit vom Bau der Erdrinde. Stuttgart 1887. 8⁰. 4 Bl., 78 S., 1 Tafel.

»Die magnetischen Linien beruhen hauptsächlich auf den Beobachtungen Sh. Sekino's«. Vgl. auch: Edmund Naumann, Terrestrial magnetism as modified by the structure of the earth' crust, and proposals concerning a magnetic survey of the globe. 8⁰. 1 Bl., 13 S., 5 Tafeln (Geolog. Magaz., decade III, vol. VI, 1889).

Japan; 1887 Sommer; I (1⁰), H (0.005), F (0.005), D (10'); (1 : 5000000); Cargill G. Knott and Aikitsu Tanakadate, A Magnetic Survey of all Japan carried out by order of the President of the Imperial University. Tokio 1889. 8⁰. (Journ. Univ. Coll. Japan, vol. II, S. 163—262, plates VI—XV).

81 Stationen wurden vermessen.

Umgebung von Nagoya (Japan); 1887 u. 1891—92; I (10'), H (0.001), F (0.02), D (10'); A. Tanakadate and H. Nagaoka, The disturbance of isomagnetics attending the Mino-Owari Earthquake of 1891. Tokyo 1892. gr. 8⁰. (Journ. Coll. Sci. Univ. Japan, vol. V, pt. II, S. 149—196, pl. XV—XXII).

Philippinen; 1892,0: D (30'), I (5'), H, Z, F; (ca. 1 : 5300000); P. Ricardo Cirera, S. J., El Magnetismo Terrestre en Filipinas. Manila 1893. 4⁰. IX, 157 S., 21 Taf.

48 Stationen liegen zu Grunde. Die Isogonen- und Isoklinenkarte ist wiederholt in: John Doyle, S. J., Magnetical dip and declination in the Philippine Islands. Manila 1901. 8⁰. 14 S., 5 Taf.

Japan; 1895,0; D (10'), I (30'), H (0.002); 1 : 5000000; A. Tanakadate, A magnetic survey of Japan reduced to the epoch 1895,0 and the sea level carried out by order of the Earthquake Investigation Committee. Tokyo 1904. 8⁰. XII, 180 S., 1 Bl., IV, (347) S., 88 Taf., 11 Karten (The Journal of the College of Science, Imperial University of Tokyo, Japan. Vol. XIV).

Zu Grunde liegen die Messungen an 320 Stationen, deren Lagepläne in der Lamont'schen Weise wiedergegeben sind.

Die Karten enthalten auch die terrestrischen isomagnetischen Linien für D, I, H, außerdem ausschließlich diese Linien für F, X, Y, Z, ferner die Karte der magnetischen Störungen und die geologische Karte des Landes.

Indo-China; 1896,0; D (5'), I (1⁰), H (0.001); (1 : 6500000); Missions magnétiques organisées par le Bureau des Longitudes en 1895—96 sous la direction de M. le capitaine de vaisseau De Bernadières. Rapport d'ensemble par M. de Vanssay (Annal. du Bureau des Longitudes, t. VI, 175 S., 8 Taf. Paris. 4⁰).

Mindanao; 1902 Juni 20; D (10'), I (2⁰); (ca. 1 : 3500000); Miguel Saderra Maso, Isoclinic and isogonic lines in the island of Mindanao (Philippine Weather Bureau. Bulletin for October, 1902. Manila 1903. 4⁰. S. 246—250, 2 Taf.).

Niederländisch Indien; 1905,5; D (0.1⁰), I (1⁰), H (0.001); (1 : 11100000) — 1848,0; D (0.5⁰), I (5⁰), H (0.005); (1 : 18500000) — 1876,5; D (0.1⁰), I (5⁰), H (0.001 bis 0.005); (1 : 18500000) — 1876,5 bis 1905,5; δ D (0.5'), δ I (1'), δ H (5 γ); (1 : 18500000); W. van Bemmelen, Magnetic Survey of the Dutch East-Indies made in the years 1903—1907. Batavia 1909. Fol. 2 Bl., 69 S., 7 Tafeln.

Die Karten für 1905,5 beruhen auf den Messungen an 158 Stationen, die in den Jahren 1902—1907 gemacht wurden.

AUSTRALIEN.

Victoria; 1860,0; D (30'), H (0.06 E. E.), I (30'); 1 : 1686900; George Neumayer, Results of the Magnetic Survey of the Colony of Victoria executed during the years 1858—1864. Mannheim 1869. 4⁰. 1 Bl., III S., 2 Bl., 202 S., 1 Bl., LXXVIII S., 1 Bl., 5 Tafeln.

An 235 Stationen wurden Messungen gemacht.

Port Walcott, Cossack (Nordwest-Australien); 1890—93; Linien gleicher magnetischer Anomalien; E. W. Creak, On the magnetical results of the voyage of H. M. S. „Penguin“, 1890—93 (Philos. Trans. 1896 A S. 345—381).

II. Die nach Theorien konstruierten Karten.

Euler, Recherches sur la déclinaison de l'aiguille aimantée (Mém. de l'Acad. de Berlin XIII, 1757, S. 175—251, 4 Tafeln).

Auf der letzten Tafel sind die Isogonen in 5° Abstand etwa für die Epoche 1744 auf der West- und Osthemisphäre (1 : 110000000) dargestellt.

Zusätze zu dieser Theorie veröffentlichte Euler ebenda, année 1766, S. 213.

Eine »Karte der beyden Halbkugeln, welche den magnetischen Aequator und die Abweichungslinien für beyde Magnetaxen nach der ersten Eulerschen Theorie vorstellet, entworfeu von C. Hansteen« befindet sich in dessen Magnetischem Atlas, Tab. V.

Samuel Dunn, A new atlas of variations of the magnetic needle for the Atlantic, Ethiopic, Southern and Indian Oceans; drawn from a theory of the magnetic system, discovered and applied to navigation by the author, and agreeing with the most accurate astronomical and magnetical observations of the commanders and officers of ships in the service of the honourable United East India Company. The whole designed for facilitating navigation to and from the East-Indies, and for determining the longitude, throughout the principal parts of those oceans within a degree or sixty miles. London 1776. gr. Fol. XII S. Text, 12 Doppel- und 16 einfache Tafeln.

Die Isogonenkarten sind meistens in dem ungewöhnlich großen Maßstabe von 1 : 6 Mill. und im Abstand von 15' gezeichnet; sie zeigen ideal glatt verlaufende Kurven, die, wenn sie richtig gewesen wären, die Längenbestimmung allerdings sehr erleichtert hätten.

Einzelne Karten wurden für spätere Epochen auch einzeln ausgegeben; so ist mir z. B. bekannt geworden: S. Dunn, A variation chart of the Atlantic, Ethiopic & Indian Oceans for the year 1800. London 1776. D (1°); (1 : 38000000).

John Churchman, The magnetic atlas, or variation charts of the whole terraqueous globe; comprising a system of the variation and dip of the needle, by which, the observations being truly made, the longitude may be ascertained. London 1794. 4°. VII, 80 S., 3 Tafeln.

Die in Polarprojektion (1 : 35000000) dargestellten Karten sind mit der Hand koloriert.

Churchman hatte eine ganz analoge Karte schon 1790 veröffentlicht und mit einem gedruckten Begleittext (vgl. Ronalds' Catalogue of books and papers relating to electricity, magnetism. London 1860. 8°. S. 108) an zahlreiche Akademien und gelehrte Gesellschaften gesandt, deren meist formelle Antworten im Anhang zum Atlas abgedruckt sind. Die vierte Auflage des Atlas erschien in London 1804 (4°. XVIII, 86 S., 3 Taf.).

Pierre Béron, Atlas du magnétisme terrestre représentant l'aimantation de la terre par le soleil et l'aimantation du fer par la terre avec un texte contenant l'explication de tous les faits magnétiques suivant les lois physiques. Appendice: Variations diurnes, annuelles et séculaires des éléments magnétiques et suppressions des télégraphes produites par les changements thermométriques. Paris 1860. 4°. 1 Bl., S. 211—308, 3 gefaltete kolorierte Tafeln in gr. Folio.

Es ist dies ein besonders ausgegebener Teil seines »Grand Atlas Météorologique«; im übrigen Phantastereien.

Carl Friedrich Gauss und Wilhelm Weber, Atlas des Erdmagnetismus nach den Elementen der Theorie entworfen. Supplement zu den Resultaten aus den Beobachtungen des Magnetischen Vereins unter Mitwirkung von C. W. B. Goldschmidt herausgegeben von . . . . . Leipzig 1840. 4°. IV, 36 S., 18 Doppeltafeln mit den Kurvensystemen und 8 Bl. Tabellen.

In Mercator- und in stereographischer Projektion werden Karten (1 : 110 Mill.) gegeben für V/R (magn. Potential), gleiche magnetische Dichtigkeit, X, Y, Z, D, I, H, F für die Epoche 1830. Die 6 Karten für V/R, D und F waren schon vorher erschienen in: Resultate aus den Beobachtungen des magnetischen Vereins im Jahre 1838. Herausg. v. C. F. Gauss u. W. Weber. Leipzig 1839. 8°. mit 10 Steindrucktafeln in 4°, wo Gauss die »Allgemeine Theorie des Erdmagnetismus« zuerst veröffentlichte. Dem Wiederabdruck dieser Abhandlung in Gauss' Werke, herausg. von der Kgl. Ges. d. Wiss. zu Göttingen, V. Bd., 1867, 4° sind diese Karten nicht beigegeben worden.

J. Ernst Herger, Die Systeme der magnetischen Curven, Isogonen und Isodynamen nebst anderweitigen empirischen Forschungen über die magnetisch polaren Kräfte ausgeführt in 37 großen graphischen Darstellungen auf 31 Tafeln und erläutert unter den Auspicien des Herrn Hofrath Dr. Schottin. Nebst einem Vorworte von G. A. Erman. Leipzig (1844). gr. Fol. 59 S. Text, 39 Bl. Figuren.

Abschnitt IV: Erdmagnetismus, mit den Fig. 31—33.

A. Erman und H. Petersen, Die Grundlagen der Gaussischen Theorie und die Erscheinungen des Erdmagnetismus im Jahre 1829. Mit Berücksichtigung der Säcularvariationen aus allen vorliegenden Beobachtungen berechnet und dargestellt von . . . . Herausgegeben im Auftrage der Kaiserlichen Admiralität. Berlin 1874. 4⁰. 2 Bl., 43 S., 15 Bl. Tabellen, VI Doppeltafeln.

Die Karten in Größe und Projektion genau mit denen im Magnet. Atlas von Gauss und Weber übereinstimmend gelten für das Jahr 1829 und beziehen sich auf D, I, F.

G. v. Quintus Icilius, Der magnetische Zustand der Erde nach den von der Deutschen Seewarte herausgegebenen Karten für 1880, 0 (Aus dem Archiv der Deutschen Seewarte IV No. 2. Hamburg 1881. 4⁰. 2 Bl., 2 Doppelkarten).

Karten, wie bei Gauss und Weber, des magnet. Potentials V/R.

E. Leyst, Geographische Verteilung des normalen und anormalen Erdmagnetismus. Moskau 1899. 8⁰. VIII, 247 S., 14 Tafeln. (In russischer Sprache).

Karten im Maßstabe von 1:160000000 für X, Y, Z und verschiedene abgeleitete Werte.

H. Fritsche, Atlas des Erdmagnetismus für die Epochen 1600, 1700, 1780, 1842 und 1915. Riga 1903. Fol. 26 S., 15 Doppelblätter mit den isomagnetischen Linien. Autographiert.

1 : 100000000; D (5⁰), I (5⁰), H (0.2 G. E.).

Abgeschlossen am 1. Dezember 1909.

Letzte Veröffentlichungen

des

Königlich Preußischen Meteorologischen Instituts

Herausgegeben durch dessen Direktor

G. Hellmann

Nr. 191. Bericht über die Versammlung des Internationalen Meteorologischen Komitees Paris 1907. 8°. 75 S. 1908. Preis 3 M.

Nr. 192. Ergebnisse der Meteorologischen Beobachtungen in Potsdam im Jahre 1904, von A. Sprung. 4°. XLII, 128 S. 1908. Preis 10 M.

Nr. 193. Bericht über die Tätigkeit des Königlich Preußischen Meteorologischen Instituts im Jahre 1907. Erstattet vom Direktor. 8°. 75 S., 1 Portrait. 1908. Preis 3 M.

Nr. 194. Anleitung zur Messung und Aufzeichnung der Niederschläge. Siebente Auflage. 8°. 15 S. 1908. Preis 70 Pf.

Nr. 195. Ergebnisse der Gewitter-Beobachtungen in den Jahren 1903, 1904 und 1905, von R. Süring. 4°. XLVIII, 102 S., 5 Tafeln. 1908. Preis 10 M.

Nr. 196. Ergebnisse der Magnetischen Beobachtungen in Potsdam im Jahre 1905, von Ad. Schmidt. 4°. 82 S., 5 Tafeln. 1908. Preis 8 M.

Nr. 197. Ergebnisse der Niederschlags-Beobachtungen im Jahre 1905, von G. Lüdeling. 4°. XXXIV, 162 S., 1 Karte. 1908. Preis 14 M.

Nr. 198. Abhandlungen Bd. II. Nr. 6. Die Expedition des Königlich Preußischen Meteorologischen Instituts nach Burgos in Spanien zur Beobachtung der totalen Sonnenfinsternis am 30. August 1905, von G. Lüdeling und A. Nippoldt. 4°. 92 S. 1908. Preis 8 M.

Nr. 199. Ergebnisse der Beobachtungen an den Stationen II. und III. Ordnung im Jahre 1906, zugleich Deutsches Meteorologisches Jahrbuch für 1906. Beobachtungssystem Preußen und übrige norddeutsche Staaten. Heft II. 4°. S. 39—74. 1908. Preis 2.50 M.

Nr. 200. Ergebnisse der Meteorologischen Beobachtungen in Potsdam im Jahre 1905, von A. Sprung. 4°. VI, 107 S. 1908. Preis 7 M.

Nr. 201. Ergebnisse der Beobachtungen an den Stationen II. und III. Ordnung im Jahre 1903, von V. Kremser. Deutsches Meteorologisches Jahrbuch für 1903. Preußen und übrige norddeutsche Staaten. Heft III. 4°. XVI S. u. S. 123—267. 1 Karte. 1908. Preis 10 M.

Nr. 202. Ergebnisse der Meteorologischen Beobachtungen in Potsdam im Jahre 1906, von A. Sprung. 4°. VIII, 106 S. 1908. Preis 8 M.

Nr. 203. Ergebnisse der Magnetischen Beobachtungen in Potsdam in den Jahren 1903 und 1904, von Ad. Schmidt. 4°. XLIV, 120 S. 1908. Preis 11 M.

Nr. 204. Ergebnisse der Niederschlags-Beobachtungen im Jahre 1906, von G. Lüdeling. 4°. XXXIV, 165 S., 1 Karte. 1908. Preis 14 M.

Nr. 205. Abhandlungen Bd. II. Nr. 2. Ergebnisse zehnjähriger Gewitterbeobachtungen in Nord- und Mitteldeutschland, von Th. Arendt. 4°. 59 S. Text, 152 S. Tabellen. 1908. Preis 12 M.

Nr. 206. Bericht über die Tätigkeit des Königlich Preußischen Meteorologischen Instituts im Jahre 1908. Erstattet vom Direktor. 8°. 97 S., 1 Tafel. 1909. Preis 3 M.

Nr. 207. Abhandlungen Bd. III. Nr. 1. Untersuchungen über die Schwankungen der Niederschläge, von G. Hellmann. 4°. 81 S. Text, 28 S. Tabellen. 1909. Preis 9 M.

Nr. 208. Ergebnisse der Meteorologischen Beobachtungen in Potsdam im Jahre 1907. 4°. VIII, 106 S. 1909. Preis 8 M.

Nr. 209. Ergebnisse der Gewitter-Beobachtungen in den Jahren 1906 und 1907, von R. Süring. 4°. LX, 64 S., 7 Tafeln. 1909. Preis 8 M.

Nr. 210. Ergebnisse der Beobachtungen an den Stationen II. und III. Ordnung im Jahre 1904, von V. Kremser. Deutsches Meteorologisches Jahrbuch für 1904. Preußen und übrige norddeutsche Staaten. Heft III. 4°. XVIII S. u. S. 75—206. 1 Karte. 1909. Preis 8 M.

Nr. 211. Ergebnisse der Magnetischen Beobachtungen in Potsdam im Jahre 1906, von Ad. Schmidt. 4°. 70 S., 4 Tafeln. 1909. Preis 7 M.

Nr. 212. Ergebnisse der Niederschlags-Beobachtungen im Jahre 1907, von G. Lüdeling. 4°. XXXIV, 161 S., 1 Karte. 1909. Preis 14 M.

Nr. 213. Ergebnisse der Meteorologischen Beobachtungen in Potsdam im Jahre 1908, von R. Süring. 4°. XXXVI, 94 S., 1 Tafel. 1909. Preis 8 M.

Nr. 214. Abhandlungen Bd. III. Nr. 2. Ein Beitrag zur Kenntnis der Temperatur- und Feuchtigkeitsverhältnisse in verschiedener Höhe über dem Erdboden, von K. Knoch. 4°. 29 S. 1909. Preis 3 M.

Vorstehende Veröffentlichungen sind im Kommissionsverlage von Behrend & Co. in Berlin erschienen.